车孝轩，教授、东京理科大学工学博士、武汉大学先进能源研究所副所长，兼任神奈川工科大学客员教授等。曾任首都大学教授、大阪大学研究员等职。主要从事太阳能光伏发电、直流系统、储能以及智能系统的教学和研究。出版专著有《太阳能光伏系统概论》、《并网型太阳能光伏发电系统》等。

WUHAN UNIVERSITY PRESS
武汉大学出版社

太阳能光伏发电及智能系统

车孝轩　著

图书在版编目(CIP)数据

太阳能光伏发电及智能系统/车孝轩著. —武汉：武汉大学出版社，2013.8(2014.9 重印)
ISBN 978-7-307-11336-7

Ⅰ.太…　Ⅱ.车…　Ⅲ.太阳能发电　Ⅳ.TM615

中国版本图书馆 CIP 数据核字(2013)第 154665 号

责任编辑:谢文涛　　责任校对:刘　欣　　版式设计：马　佳

出版发行：**武汉大学出版社**　(430072　武昌　珞珈山)
(电子邮件：cbs22@ whu. edu. cn　网址：www. wdp. com. cn)
印刷：湖北省荆州市今印印务有限公司
开本：720×1000　1/16　　印张:13.25　字数:263 千字　插页:2
版次:2013 年 8 月第 1 版　　2014 年 9 月第 2 次印刷
ISBN 978-7-307-11336-7　　定价:28.00 元

前　言

太阳能作为未来的能源，是一种取之不尽、用之不竭的非常理想的清洁能源，可以用于太阳能光伏发电、太阳热发电等许多领域。如果充分合理地利用太阳能，将会为人类提供充足的能源和美好的环境。近年来由于人们对能源、环境以及科学发展等问题的日益关注，太阳能光伏系统的研究、应用与普及越来越受到人们的高度重视，并取得了很大的发展。

我国的太阳电池产量和安装量有了较大的发展，太阳电池产量已占世界总产量的半壁江山，2011 年太阳电池产量约为 2 100MW，同比增长近一倍，装机容量已达到 3 500MW，同比增长 3. 4 倍，未来将会得到大力普及并引领世界。由于我国太阳能发电量占总发电量的比例非常低，所以太阳能光伏发电具有较大的发展空间。

我国的电力供给严重依赖煤炭和石油，2011 年火电发电量占总发电量的 82. 5%，造成了资源和环境等问题。为了解决这些问题，我国的能源政策正逐步向可再生能源和核电的方向转换。我国高度重视可再生能源发展，2006 年 1 月制定了《可再生能源法》；2007 年 9 月颁布了《可再生能源中长期规划》，计划到 2020 年可再生能源的消费比例占一次能源消费的 15%；2008 年 3 月颁布了《可再生能源发展十一五规划》；2010 年 4 月对《可再生能源法》进行了修订，制定了一系列支持可再生能源产业发展的政策，并决定了太阳能发电的上网价格。2011 年 3 月，在第十二个五年计划中明确提出到 2015 年非石化燃料的消费占一次能源消费的比重为 11. 4%（2011 年已达 8%），计划实施大型风电厂、大型太阳能光伏发电站工程，这些政策为太阳能发电的应用和大量普及提供了保证，必将促使包括太阳能发电在内的可再生能源得到更大发展。

本书介绍了太阳能光伏系统方面的基础知识，国内外的最新技术、最新成果、最新课题以及未来展望。内容包括太阳能，新型太阳电池及组件，太阳能光伏系统及系统电气设备，太阳能光伏系统的设计、应用、安装、检查与试验、故障诊断，智能系统，太阳能光伏系统的课题和未来展望等，为了便于阅读和参考，加入了英文专业术语和检索。本书作为太阳能方面的系列教材之一，以后还将陆续出版《太阳电池原理与设计》、《太阳能材料与器件测试技术》、《太阳电池组件制造技术》等教材。可用于新能源材料与器件、新能源科学与工程等专业的教材或参考书。也可作为大专院校师生、科技工作者以及太阳能爱好者的参考书。

2012年5月30日国家通过了《十二五国家战略性新兴产业发展规划》，明确提出了新能源产业要发展技术成熟的核电、风电、太阳能光伏和热利用、生物质发电、沼气等，2012年11月开始6MW以下的太阳能光伏系统可上网。可以预料，今后我国的太阳能光伏系统的应用与普及将会得到快速发展，特别是并网系统将会大量普及。当今，人们对解决能源、环境以及科学发展等问题尤为关注，希望本书能对人们的关注和行动有所启示和帮助。

车孝轩

2013年6月

目　录

第1章 总 论

随着我国经济的快速发展，对能源的需求越来越大，同时，大量化石能源的使用导致能源的短缺与环境污染日益突出。近年来由于人们对能源、环境问题的日益关注，太阳能的应用与普及越来越受到人们的高度重视，因此，清洁、可再生的新能源的应用已成为必然的趋势。

本章主要介绍能源与需求、人口、环境之间存在的问题，可供开采的能源资源，以及对太阳能发电的现状与未来的展望。

1.1 能源与需求

能源是人类赖以生存的基础，从日常生活所必需的电、水、气到人们所利用的交通、通信、娱乐等都与能源息息相关，人类为了生存需要利用诸如石油、煤炭、电能等能源。在现代社会中，随着世界人口的增加，能源的需求也在不断地增加。其中电能也是如此，从图 1.1 可以看出，从 1970 年到 2010 年的 40 年间，世界人口从 37 亿增加到了 69 亿，即人口在 40 年间增加了 1.86 倍，一次能源消费量在过去的 40 年间增加了 2.45 倍。而电能消费量则由 1970 年的 5.4 兆 kW · h 增加到 2010 年的 16.82 兆 kW · h，增加了 3.11 倍。可见，随着世界人口的不断增加，电能的需求也在不断地增加，特别是人类进入 21 世纪高度信息化社会后更是如此。

1.2 能源与环境

能源问题可以追溯到 50 万年前人类发现火的时代。人类使用石油、煤炭作为能源也已有相当长的历史了，这些能源虽然为人类的生存和发展以及社会的进步提供了很大的支持，但这些能源的使用同时也给人类自身带来了很大的问题，使地球的环境（如空气、气候等）受到了很大的影响，已经直接危及人类的生活、生存条件。因此必须解决使用化石能源给人类带来的问题。

环境问题主要表现为地球温室效应和酸雨。地球温室效应是由于二氧化碳、氟利昂等温室效应气体使地球吸收的太阳能量不易散发到大气圈所致，使地球的温度在最近 100 年里上升了约 1℃。二氧化碳是由于使用化石能源而产生的，化石能源

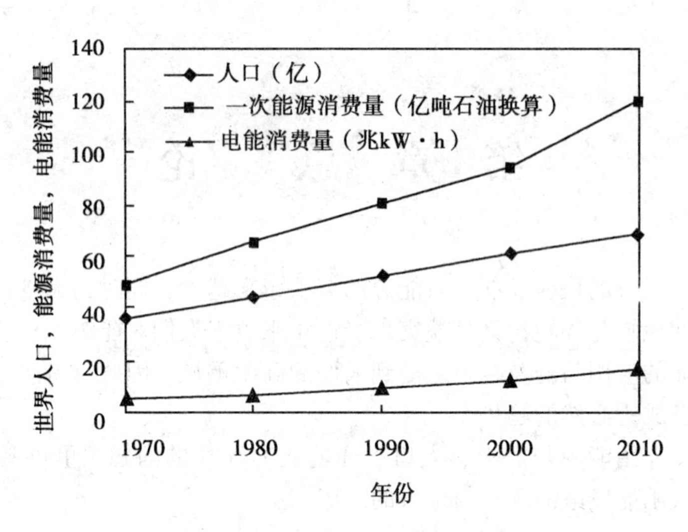

图 1.1 世界人口、能源消费量以及电能消费量

除了产生二氧化碳外，还排出硫磺氧化物、氮氧化物等，由此形成酸雨。

21 世纪人类的文明如何发展，面临诸多的问题。人口的增加、经济的发展必然会导致能源需求的增加。化石能源的开采与使用，一是会出现化石能源的短缺，二是化石能源的使用必然会导致环境的污染、破坏，即经济（Economy）的发展使能源（Energy）的需求增加，从而导致环境问题（Environment Problem）出现。三者之间形成一个链环，要想独立解决其中的任何一个问题并非易事。解决这些问题的办法之一是尽量减少化石能源的消费，大力推广如太阳能等清洁能源的应用。

1.3 世界能源资源的可开采年数

现代社会一直以化石燃料作为能源，随着工业化、文明化以及人口的增加，能源需求正在大幅度地增加。图 1.2 所示为世界能源资源的可开采年数（2005 年末）。由图可知，以后的几十年到 200 年左右资源将会枯竭，可见人类所利用的石油、天然气、煤炭等资源的开采量是有限的。根据估算，石油的开采年数大约为 39 年，煤炭的开采年数大约为 230 年，天然气为 57 年，铀 235 为 67 年。尽管最近发现了页岩气、燃冰等能源，但这些能源终究是有限的，会被开发利用直至枯竭的。因此，为了维持人类的生存与发展，使用包含太阳能发电在内的可再生能源以解决未来人类对能源的需求是必由之路。

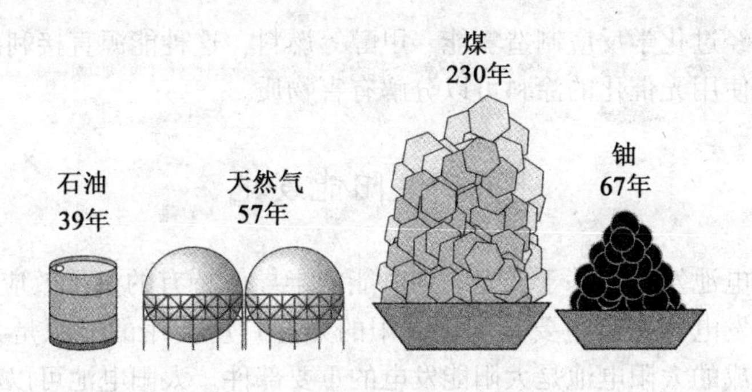

图 1.2　世界能源资源的可开采年数

1.4 太　阳　能

太阳能（Solar Energy）是由太阳的氢经过核聚变而产生的一种能源。在它的表面所释放出的能量如果换算成电能则大约为 3.8×10^{19} MW。到达地球的能量中约30%反射到宇宙，剩下的70%的能量被地球接收。太阳照射地球一个小时的能量相当于世界一年的总消费能量。可见来自太阳的能量有多么巨大。

人们推测太阳的寿命至少还有几十亿年，因此对于地球上的人类来说，太阳能是一种无限的能源。另外，太阳能不含有害物质，不排出二氧化碳，即使地域不同也不会出现不均匀性。

可见太阳能具有能量巨大、非枯竭、清洁、不存在不均匀性问题等特点，作为未来的能源是一种非常理想的清洁能源。如果合理地利用太阳能，将会为人类提供充足的能源。

1.5　太阳能利用的形式

如上所述，由于能源需求、人口的增加、环境污染以及可供开采的能源资源的减少等问题，人们不得不寻求解决这些问题的办法，而利用清洁、可再生的能源（Renewables Energy）可以解决这些问题。太阳能的利用就是其中之一。

太阳能利用的形式多种多样，如热利用、照明、电力等。热利用就是将太阳能转换成热能，供热水器、冷热空调系统等使用。利用太阳光给室内照明，或通过光导纤维将太阳光引入地下室等进行照明。在电力方面的应用主要是利用太阳的热能和光能。一种是利用太阳的热能进行发电，这种方法是利用聚光得到高温热能，将其转换成电能的发电方式；另一种是利用太阳的光能进行发电，即利用太阳电池将太阳的光能转换成电能的发电方式。其他方面的应用有：使用太阳的热能和光能，通过催化作用经过化学反应制造氢能、甲醇等燃料，这种能源直接利用方式的效率较高。另外，使用光催化的涂料可以分解有害物质。

1.6　太阳能发电

利用太阳电池发电是基于从光能到电能的半导体特有的量子效应（光伏效应）原理。太阳能发电（这里主要指利用太阳的光能）所使用的能源是太阳能，而由半导体器件构成的太阳电池是太阳能发电的重要部件。太阳电池可以利用太阳的光能，将光能直接转换成电能，以分散电源系统的形式向负载提供电能。

太阳能发电具有如下的特点：

1. 在利用太阳能方面

（1）能量巨大、非枯竭、清洁；

（2）到处存在、取之不尽、用之不竭；

（3）能量密度低、出力随气象条件而变；

（4）直流电能、无蓄电功能。

2. 将光能直接转换成电能方面

（1）阴天、雨天可利用散乱光发电；

（2）结构简单、无可动部分、无噪音、无机械磨损、管理和维护简便、可实现系统自动化、无人化；

（3）可以方阵为单位选择容量；

（4）重量轻、可作为屋顶使用；

（5）制造所需能源少、建设周期短。

3. 构成分布型电源系统

（1）适应发电场所的负载需要、不需输电线路等设备；

（2）适应昼间的电力需要、减轻峰电；

（3）电源多样化、提供稳定电源。

1.7　太阳能发电的现状

太阳能发电正得到越来越广泛地应用，应用范围已遍及民用、住宅、产业等众多领域。2011 年世界的太阳电池年生产量已达到 37GW，我国已达 15GW；2011 年世界的太阳能光伏系统的年安装量为 27.4GW，我国为 2.2GW。

1. 太阳电池生产量

图 1.3 为太阳电池生产量，由曲线可见，生产量呈指数函数增加。2001 年世界的太阳电池累计生产量为 0.87GW，2011 年为 89.81GW，是 10 年前的 103.2 倍。

而我国2001年为7.6MW，2011年为40.4GW，10年间增加了5315倍，2011年是2010年的2.1倍。毫无疑问，未来10~30年全世界太阳电池生产量将会显著增加。

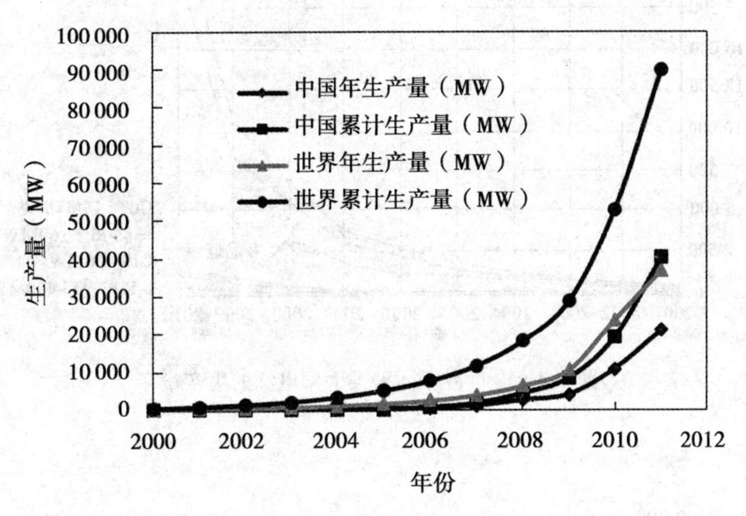

图1.3 世界和中国太阳电池的生产量

2. 全世界不同种类太阳电池的生产量

1996、1997年的单晶硅电池的生产量增加较快，约占晶硅系太阳电池生产量的一半。但由于多晶硅电池芯片为四角形，可有效地利用平板的采光面积，加之制造成本降低等因素的影响，1998年以后多晶硅电池的生产量增加很快，超过单晶硅电池的生产量。2001年的单晶硅电池的生产量约占晶硅系太阳电池生产量的30%，与1997年相比有了明显下降。图1.4为世界不同种类太阳电池的生产量。2010年的晶硅太阳电池的生产量为20 185MW，占世界太阳电池总产量的84%以上。可见，晶硅系太阳电池仍占主流。另外，其他种类的电池的生产量也有了较大的提高，CdTe为1 437MW，薄膜硅Si为1 169MW，CIS为426MW，a-Si单晶Si为400MW。

3. 太阳能光伏系统的装机容量

图1.5为太阳能光伏系统的装机容量。2001年全世界的累计装机容量为0.966GW，2011年为67.05GW，10年间增加了约69.4倍。我国2001年的累计装机容量为23.5MW（0.023 5GW），2011年为3.524GW，10年间增加了150倍，2011年比2010年增加了3.28倍。可以预料，今后10~30年太阳能光伏系统的装机容量将会快速增加，随着太阳能光伏系统的应用与普及，将会出现配电系统局部集中以及大型并网系统大量普及的情况。

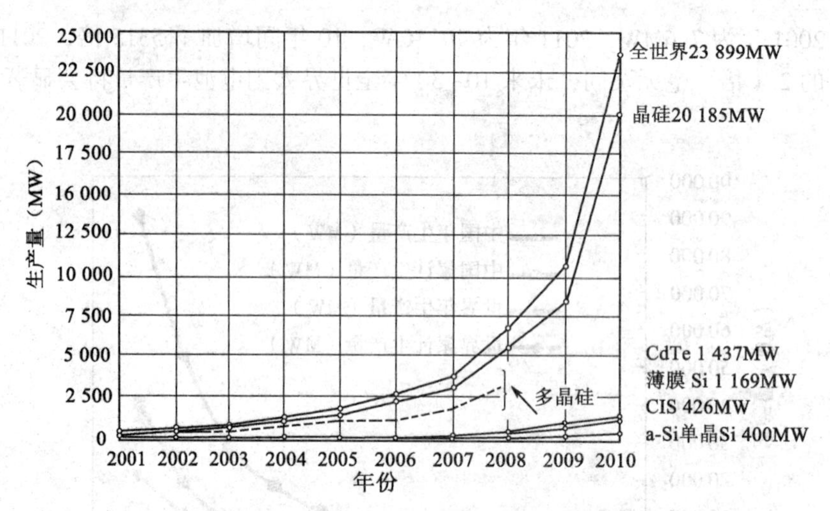

图 1.4　全世界不同种类太阳电池的生产量

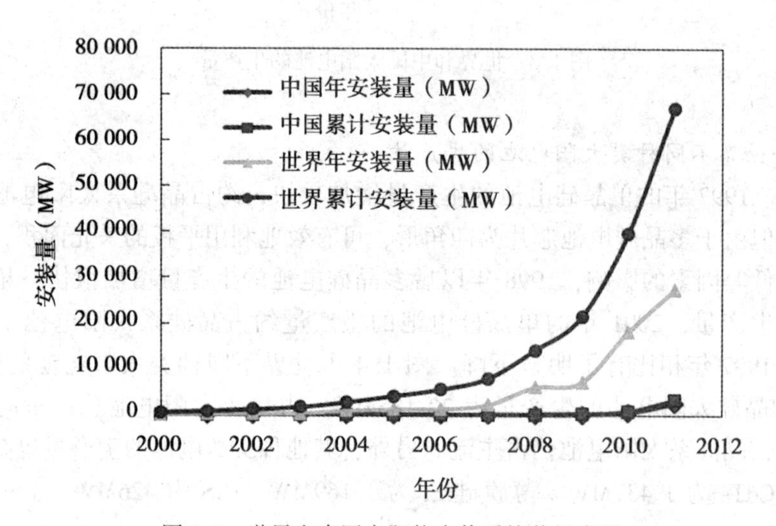

图 1.5　世界和中国太阳能光伏系统装机容量

1.8　太阳能发电的未来

1. 拥有自己的发电站

太阳能发电有着广阔的发展前景，应用领域也在不断扩大。家庭可以拥有自己的发电站，发出的电能可优先自己使用，有剩余的电能可以出售给电力公司，并获得收益。

2. 变加油站为氢能站

由于燃料电池可能成为未来主要的能源供给方式，如家庭用燃料电池发电、燃料电池汽车、燃料电池充电器等，因此太阳能发电还可以用来制造氢能，变现在的加油站为氢能站，为燃料电池提供清洁、廉价的氢能源。

3. 充电站

随着太阳能光伏系统的应用与普及，以及电动车正逐步走向家庭，越来越多的家庭会在自己的住宅屋顶安装太阳能光伏系统，在自己的住宅安装充电站，使用太阳能光伏系统所发电能对电动车、电动摩托车以及电动自行车进行充电。另外，在地震灾害、电网停电等紧急情况下，可以使电动车中的蓄电池放电，为照明、通信以及家电提供电能，以解决无电时的用电问题。

4. 小规模电力系统的诞生

小规模电源系统由新的、可再生的新能源发电系统（包括太阳能光伏系统、风力发电、小型水力发电、燃料电池发电、生物质能发电等)、氢能制造系统、电能储存系统、负载等与地域配电线相连构成，成为一个独立的小规模电力系统。氢能制造系统用来将地域内的剩余电能转换成氢能，当发电系统所产生的电能以及电能储存系统的电能不能满足负载的需要时，通过燃料电池发电为负载供电。可以预料，小规模电力系统与大电力系统同时共存的时代必将到来，这将会使现在的电力系统、电源的构成等发生很大的变化。

5. 地球规模的太阳能发电系统

太阳能发电有许多优点，但也存在一些弱点。例如，太阳电池在夜间不能发电，雨天、阴天发电量会减少，无法保证稳定的电力供给。随着科学技术的发展、超电导电缆的发明与应用，将来有望实现地球规模的太阳能发电系统。即在地球上各地分散设置太阳能发电站，用超电导电缆将太阳能发电站连接起来形成一个网络，从而构成地球规模的太阳能发电系统。该系统可将昼间地区的电力输往太阳能发电系统不能发电的夜间地区使用。若将该网络扩展到地球的南北方向，无论地球上的任何地区都可以从其他地方得到电能，可以使电能得到可靠的供给、合理的使用。当然，实现这一计划还面临许多问题，从技术角度看，需要研究开发高性能、低成本的太阳电池以及常温下的超电导电缆等。

6. 宇宙太阳能发电系统

在地球上应用太阳能时，太阳能的利用量受太阳电池的设置经纬度、昼夜、四季等日照条件的变化、大气以及气象状态等因素的影响而发生很大的变化。另外，宇宙的太阳光能量密度比地球上高1.4倍左右，日照时间比地球上长4~5倍，发电量比地球上高出5.5~7倍。

为了克服地面上发电的不足之处，人们提出了宇宙太阳能发电（SSPS）的概念。所谓宇宙太阳能发电，是将位于地球上空 36 000km 的静止轨道上的宇宙空间的太阳电池板展开，将太阳电池发出的直流电能转换成微波，通过输电天线传输到地球或宇宙都市的接收天线，然后将微波转换成直流或交流电能供负载使用。宇宙太阳能发电由数千 MW 的太阳电池、输电天线、接收天线、电力微波转换器、微波电力转换器以及控制系统等构成。

第2章 太 阳 能

太阳能（solar energy）是由太阳的氢经过核聚变而产生的一种能源。太阳的寿命很长，是一种无限的能源；太阳能不含有害物质、不排出二氧化碳，是一种清洁的能源；可见太阳能能量巨大，具有非枯竭、清洁等特点，是一种非常理想的能源。

太阳能光伏系统利用太阳的光能发电，发电功率、转换效率等与太阳能的一些特点、性质密切相关。本章介绍太阳能资源、太阳光的性质、直达以及散乱光、太阳光的频谱、光谱响应特性、日照量的分布以及太阳能的应用领域等内容。

2.1 太阳能资源

太阳是一颗位于离银河系中心约3万光年位置的恒星，半径约为 6.96×10^{5}km，质量大约为 1.99×10^{30}kg，分别为地球的108倍和33万倍。太阳的中心温度大约为1400万K，表面温度约为5700K，离地球的距离约为 1.5×10^{8}km。

太阳能是由太阳的氢经过核聚变而产生的一种能源。当4个氢原子经过融合变成一个氦原子核时，经过核聚变反应从而释放出相当于 3.8×10^{19}MW 的巨大电能。人们推测太阳的寿命至少还有几十亿年以上，因此对于地球上的人类来说，太阳能是一种无限的能源。

人类从地面所能采集到的能源中，来自太阳的能源约占99.98%，剩下的0.02%为地下热能。入射到地球的太阳能可转换成 177×10^{12}kW 的电能，相当于目前世界平均消费电能的几十万倍，因此可以说太阳能资源是一种取之不尽、用之不竭的能源。

2.2 太阳能量的衰减

太阳表面放射出的能量通过约1.5亿km到达地球的大气圈外时，与太阳光垂直的面上的太阳辐射能量密度约为 $1.395kW/m^2$，此值称为太阳常数（Solar Constant）。太阳常数是指当地球与太阳处在平均距离的位置时，在大气层的上部与太阳光垂直的平面上，单位面积的太阳辐射能量密度。一般采用1964年国际地球观测年（IGY）所决定的值，即太阳常数的值为 $1.382kW/m^2$。

实际上，地球上不同地点的太阳光的强度是不同的，与所在地的纬度、时间、气象条件等有关。即使是同一地点，正南时的直射日光也随四季的变化而不同，也就是说由于大气导致太阳光减少的比例与大气的厚度有关，定量地表示大气的厚度的单位称为大气圈通过空气量（又称大气质量），即用通过空气量（Air Mass, AM）来表示。如图 2.1 所示，用由天顶垂直入射的通过空气量作为标准，即太阳高度正当头（90°）时为 1（太阳到地面的垂直距离的相对值），假定太阳光度角为 θ（°），通过空气量 AM 由下式计算：

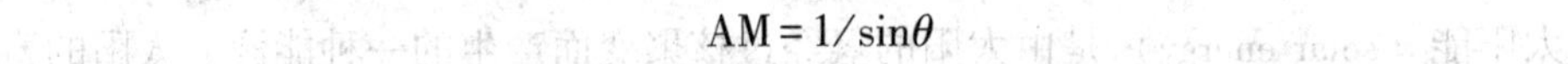

$$AM = 1/\sin\theta$$

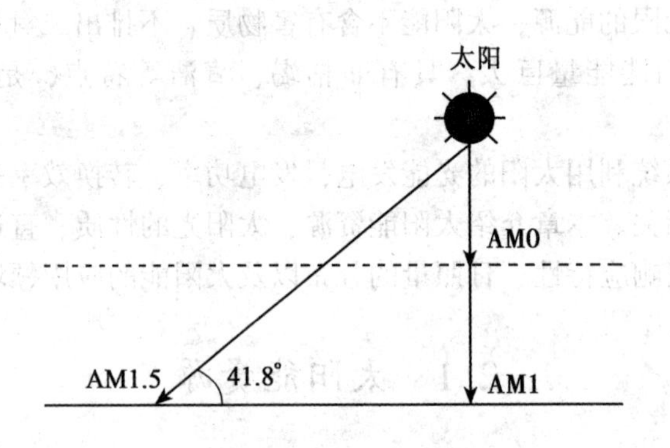

图 2.1　通过空气量

AM 用来表示进入大气的直达光所通过的路程，大气圈外用 AM0 表示，垂直的地表面用 AM1 表示。太阳高度（Solar Altitude）非常低时，地表面为球面，由于大气引起的曲折现象等原因，AM 值与上式相比略低。对太阳电池等的特性进行评价时，使用的标准大气条件一般为 AM = 1.5（这里对应的太阳高度角 θ 为 41.8°）。

2.3　地表面太阳能量的分布

太阳光穿过大气到达地球时，由于各种吸收、散乱等影响而衰减，如图 2.2 所示。吸收主要由水蒸气、臭氧层、氧气层等引起，其中水蒸气的吸收较大，特别是水蒸气量较多的大气其衰减较大，臭氧层吸收对生物有害的短波长紫外线。近年来由于臭氧层的破坏，吸收这种短波长紫外线的量正在减少。

图 2.3 为太阳能量到达大气圈的日照诸成分。如前所述，地表面太阳能量的分布与所在地的纬度、时间、气象条件等有关。晴天时正午前后到达地表面的太阳能量密度为 $1kW/m^2$，但由于受气象条件、时间等因素的影响，实际的太阳能量密度较低。如果假设到达地表面的平均日照强度（密度）大约为 $0.165kW/m^2$，地球的表面积为 $510\times10^6km^2$，则到达地表面的太阳能量约为 $84\times10^{12}kW$。几乎与大气、地

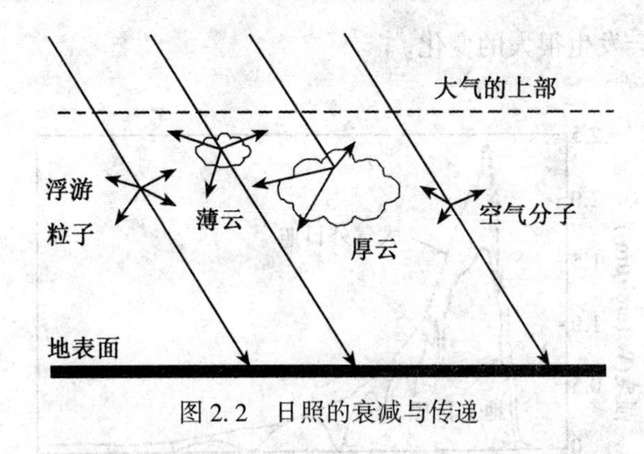

图 2.2　日照的衰减与传递

表面以及海面吸收的热能相等。当平均日照量为0.165kW/m^{2}时，则年累计量约为60kW/m^2。如果按地球表面积计算，相当于人类消耗能源的几十万倍。

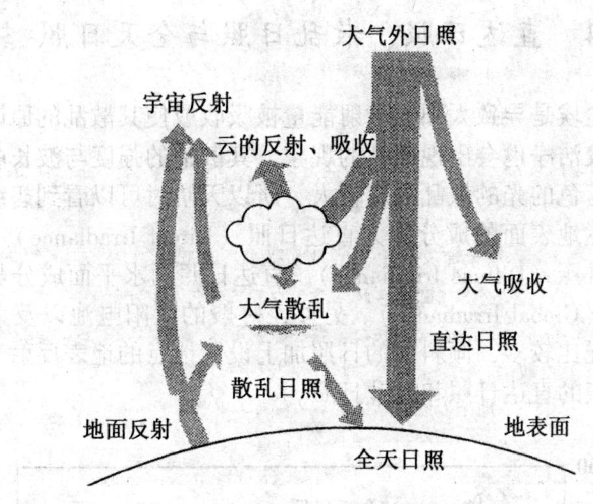

图 2.3　到达大气圈的日照诸成分

在地球大气圈外，与太阳光垂直的面上的太阳光的密度为1.395kW/m^2，到达大气圈外的太阳能的总量为 177×10^{12}kW。一般来说太阳光的辐射能量在到达大气圈之前大约有 30%（53×10^{12} kW）由于反射而损失掉了，到达地球表面的 70%（124×10^{12}kW）的能量中，有 67%（83×10^{12}kW）被大气、地表面、海面吸收而转换成热能。33%（41×10^{12}kW）以蒸发、对流、降雨以及水流的形式形成流体循环的能量，转换成海流以及波浪的能量为 370×10^{9}kW，光合作用的能量大约为 40×10^{9}kW，太阳光的辐射能量中只有不到 22 亿分之一到达地球。

图 2.4 为大气圈外以及地面上的日照强度。由图可知，在地面上所测得的太阳光频谱由于大气层的吸收、散乱的影响，以及受大气通过空气量、气候、大气的状

态等因素的影响会发生很大的变化。

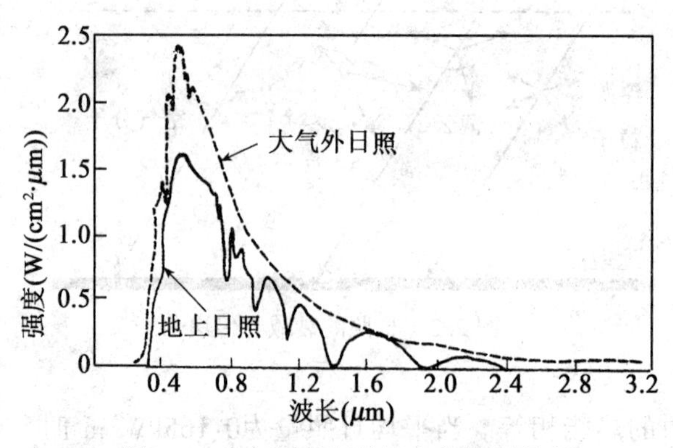

图 2.4　大气圈外以及地上的日照强度

2.4　直达日照、散乱日照与全天日照

大气中的细小尘埃是导致太阳的放射能量被吸收或使其散乱的原因。然而，即使无尘埃，大气比较洁净也会出现散乱的现象，其散乱的强度与波长的 4 次方成反比。由于短波长、蓝色的光的散乱强度较大，所以天晴时可以看到碧绿的蓝天。

太阳光直接到达地表面的成分称为直达日照（Direct Irradiance）。散乱或反射日照成分称为散乱日照（Diffuse Irradiance）。直达日照的水平面成分与散乱日照的总和称为全天日照（Global Irradiance）。另外，一般的太阳电池以及太阳热水器南向倾斜面设置的情况比较多，倾斜面的日照加上设置地点的地表反射光称为倾斜面日照。图 2.5 为地表的直达日照和散乱日照。

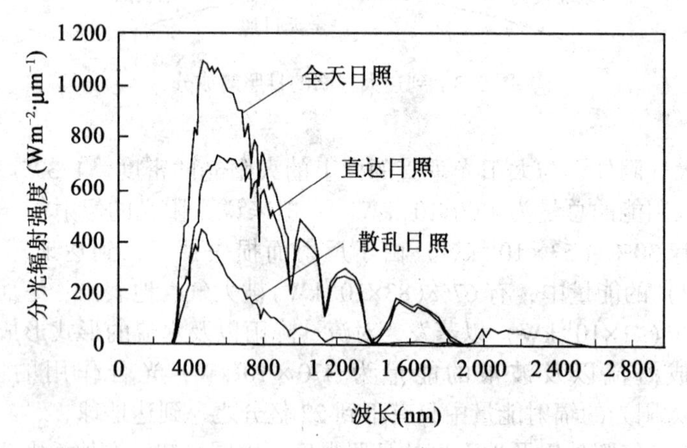

图 2.5　地表的直达日照和散乱日照

利用太阳能时，散乱日照是一种不容忽视的重要日照成分。散乱日照强度占全天日照强度的比例在晴天时为10%~15%，该比例随着云量的增加而增大。太阳被云遮挡时，散乱日照为100%，即此时全为散乱日照。图2.6为某地区每月的水平面日照量的测量值。由图可知，夏天时散乱日照所占比例较大，散乱日照量占年累计值的52%左右。如果除去沙漠地带，世界的大部分区域的散乱日照量约占全天日照量的年累计值的50%左右。

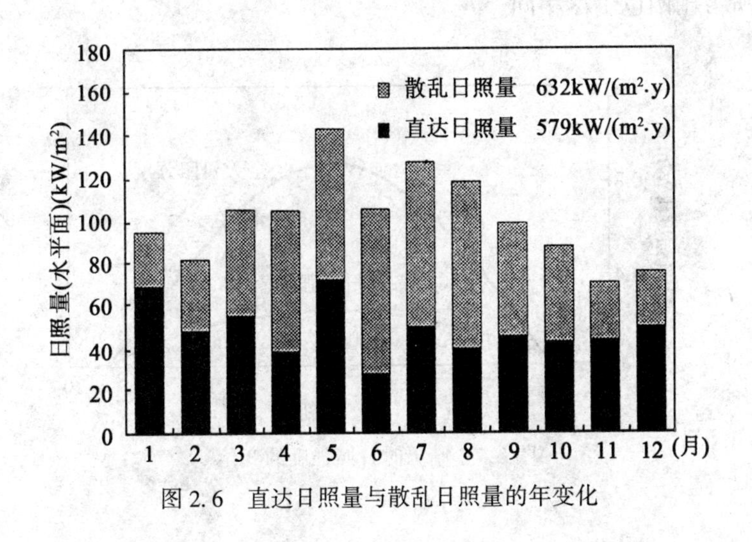

图2.6　直达日照量与散乱日照量的年变化

2.5　日照诸量

日照诸量包括日照强度、日照量、日照时间的定义等。

1. 日照强度

日照强度（Irradiance）一般用单位面积、单位时间的能量密度来表示，单位为mW/cm^2、kW/m^2或$J/(cm^2\cdot min)$等。由于照射在地面上的太阳光的强度随时间变化而变化，因此，发电用太阳电池的出力也会随太阳光的强度而变，所以日照强度是表示太阳电池特性、各种测量以及太阳能光伏系统设计中的基本量之一。

2. 日照量

日照量由日照强度与时间决定，由每日、每月累计而成。一般来说，日照量是指由每天的入射能量经过累积而得到的各月的平均值。单位为Wh或kWh等。

3. 日照时间

按照世界气象组织（MWO）1981年的定义，直达日照值0.12 kW/m^2称为日照界限值，相当于晴天时日出10分钟后，或阴天时物影较淡的程度。这样的日照照射时的累计时间数称为日照时间。

4. 日照变化

日照强度受季节、时刻、天气的影响会发生很大的变化，图 2.7、图 2.8 为夏季晴天以及阴天时典型的全天日照强度和散乱日照强度变化的情况。从图可以看出，晴天时全天日照强度中散乱日照强度所占比例较低，而阴天时全天日照强度与散乱日照强度基本相同，几乎无直达日照。当然，地方不同则全天日照强度中散乱日照强度所占比例也不尽相同。

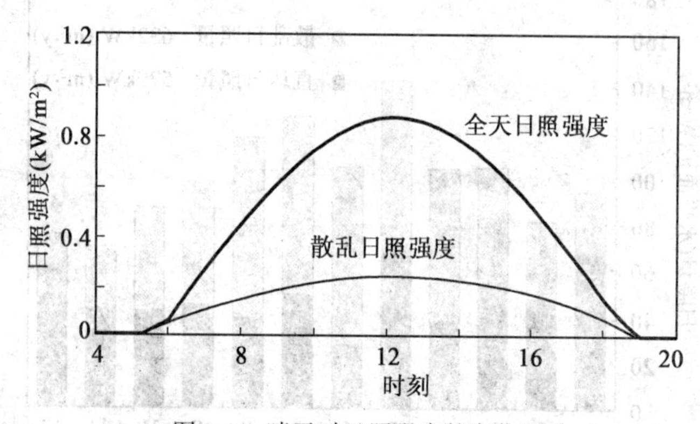

图 2.7 晴天时日照强度的变化

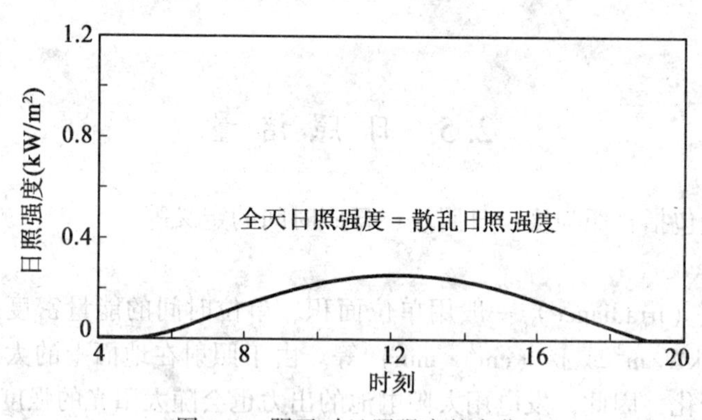

图 2.8 阴天时日照强度的变化

2.6 太阳光频谱

图 2.9 为太阳光的波长与辐射强度的关系，称之为太阳光频谱（Solar Spectrum)。由图可知，太阳光是由不同（波长）的光构成的。大气圈外的太阳光

相当于5 700K的黑体辐射，具有较宽的连续频谱，其波长范围为350~2 500nm。其中，可视光（400~750nm）约占总能量的44%，波长400nm以下的紫外光的能量约为8%，虽然所占比例较低，但却具有烧伤皮肤、杀菌等功能。波长750nm以上的红外光所占比例较高，约占全部能量的48%左右。根据其种类的不同，太阳电池可以利用紫外光（如透明太阳电池）、可视光以及红外光发电。

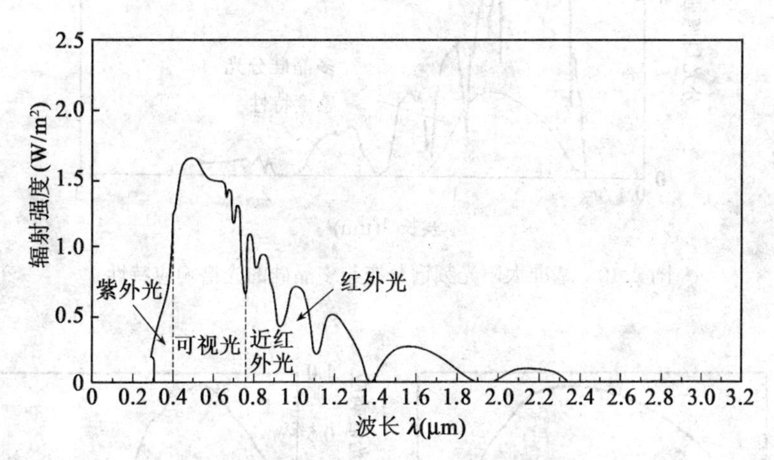

图2.9 太阳光的波长分布与辐射强度

2.7 各种太阳电池的光谱响应特性

太阳电池在将光能转换成电能的过程中，由于转换装置的材料不同其所转换的能量也不同，对应不同光的波长的感度特性也不同。太阳电池对应于不同光的波长的响应特性称为光谱响应特性（Spectral Response）。下面只作简单介绍，详细内容请参阅后述的太阳电池的光谱响应特性。

图2.10为基准太阳光频谱分布与多晶硅的光谱响应特性。太阳光频谱由各种不同波长的光组成，太阳光频谱分布变化会影响太阳电池的转换效率。各种太阳电池的光谱响应特性如图2.11所示，由图可知，多晶硅太阳电池的光谱响应一般为300~1 200nm，非晶硅太阳电池的光谱响应一般为300~800nm，CdS/CdTe太阳电池的光谱响应一般为500~900nm，二积层非晶硅太阳电池的光谱响应一般为300~800nm。可见不同种类的太阳电池其光谱响应是不同的，因此利用这些特点可以在不同的光的条件下使用相应的太阳电池，如房间内使用荧光灯照明时，太阳能计算器一般使用非晶硅电池。

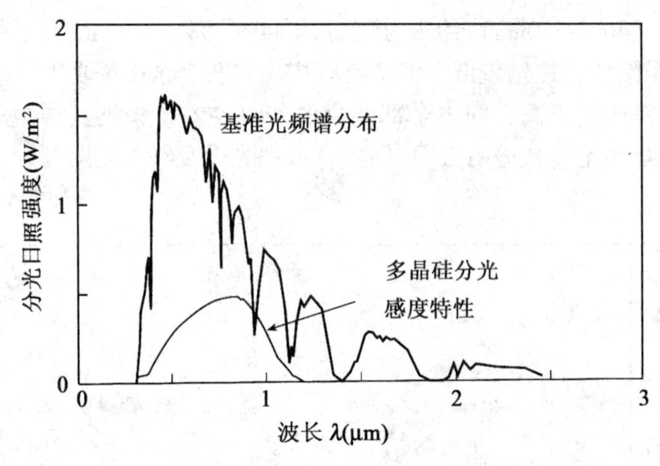

图 2.10 基准太阳光频谱分布与多晶硅的光谱响应特性

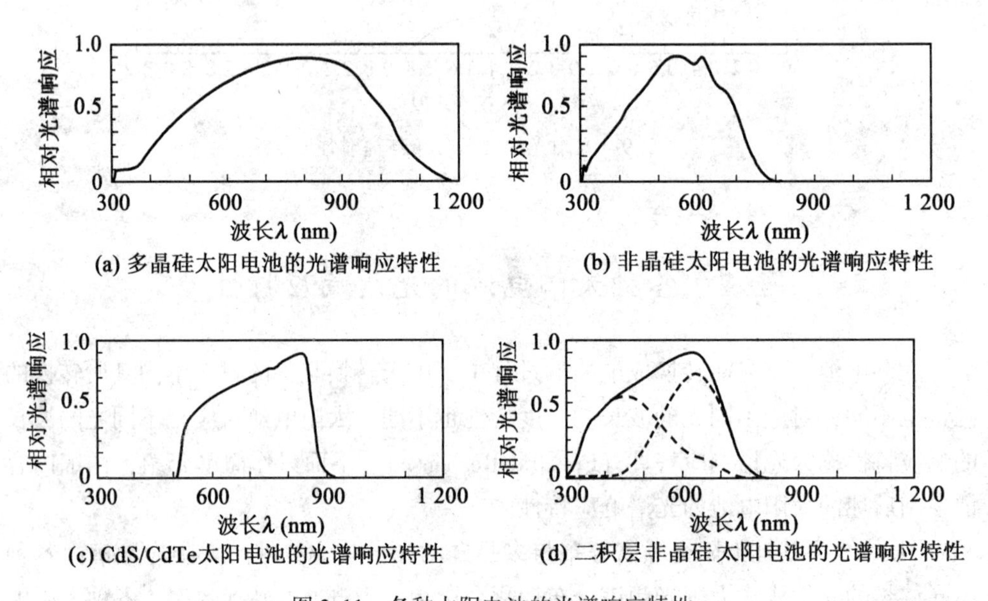

图 2.11 各种太阳电池的光谱响应特性

2.8 日照量的分布

我们知道到达地球表面的太阳能量与地球所在的地理位置、季节、时刻、气象条件、大气的状况有关。图 2.12 为世界年累计日照量的分布情况，可以看出从日照量较多的沙漠地带到极地之间，年累计日照量在 3 000~8 000MJ/m² 以上。

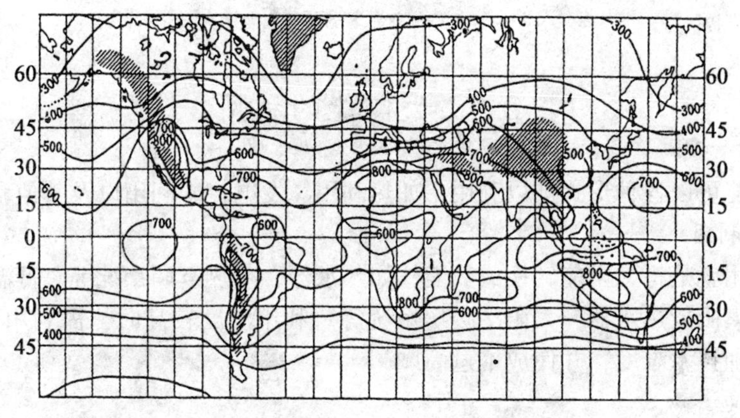

图 2.12　年累计水平面全天日照的分布（单位：kJ/cm²）

图 2.13 为我国的日照量分布情况。根据日照强度可分为 5 类：一类地区为太阳能资源最丰富的地区，包括宁夏及甘肃北部、新疆东部、青海及西藏西部等地，年累计日照量在 6 600~8 400MJ/m²；二类地区为太阳能资源较丰富的地区，包括河北西北部、山西北部、内蒙古南部、宁夏南部等地，年累计日照量在 5 850~6 680MJ/m²；三类地区为太阳能资源中等类型地区，包括山东、河南、河北东南部、山西南部、广东南部等地，年累计日照量在 5 000~5 850MJ/m²；四类地区为太阳能资源较差的地区，包括湖南、湖北、江西、广东北部等地，年累计日照量在

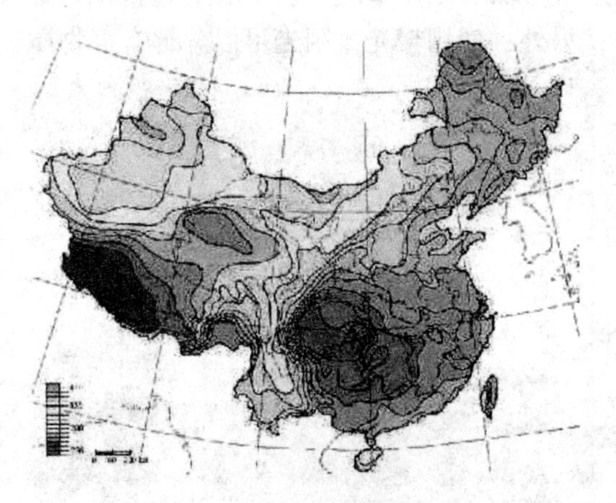

图 2.13　我国的日照量分布

4 200~5 000MJ/m²；五类地区为太阳能资源最少的地区，包括四川、贵州两省，年累计日照量在 3 350~4 200MJ/m²。由此可见，我国有丰富的太阳能资源，利用前景十分广阔。

2.9 太阳能的利用

太阳能可以各种形式加以利用，如热利用、发电、光利用以及其他利用等。

1. 热利用

热利用就是将太阳能转换成热能，如热水器、冷热空调系统等。低温利用比较容易，如太阳能热水器，太阳冷暖房系统等。利用温度较高时，需利用聚光镜等，但这会增加技术难度，并使成本过高。

2. 发电

太阳能发电可分为太阳热发电和太阳光发电。太阳光发电就是将太阳电池将太阳的光能转换成电能。太阳能发电所使用的能源是太阳能，而由半导体器件构成的太阳电池是太阳能发电的重要部件。太阳电池可以将太阳的光能直接转换成电能，以分散电源系统的形式向负载提供电能。

3. 照明

利用太阳光给室内照明。另外，可以使用光导纤维将太阳光引入地下室等阴暗处，以解决日照不良地方的照明问题。

4. 其他利用

太阳能的其他利用方式多种多样，如将太阳能转换成化学能的方式；利用热化学反应、光化学反应等方法可以制造氢气、甲醇等燃料，为燃料电池发电、燃料电池汽车等提供能源；另外，使用聚光太阳光可以分解有害物质，进行材料的表面加工、处理等。

第3章 太阳电池

19世纪，人们发现了将光照射在半导体上出现电动势的现象，即光电效应。太阳电池（Photovoltaic Cell，PV）的研究始于20世纪50年代，当时由于价格昂贵，主要应用于人造卫星等宇宙空间领域。70年代由于石油危机，太阳能作为代替能源而被关注，世界各国开始大力研究太阳电池。太阳电池除了晶硅太阳电池、非晶硅太阳电池外，还出现了各种化合物半导体太阳电池、有机薄膜太阳电池以及由两种以上太阳电池构成的积层太阳电池等新型太阳电池。

由于太阳电池可以将太阳的光能直接转换成电能，无复杂部件、无转动部分、无噪音等，因此，使用太阳电池的太阳能光伏发电是太阳能利用较为理想的方式之一。太阳电池作为将太阳能直接转换成电能的关键部件，由于经过多年的研究、技术开发，目前价格下降、性能提高，已经达到了应用普及的阶段。

3.1 太阳电池的特点

太阳能光伏发电所使用的能源是太阳能，而由半导体器件构成的太阳电池是太阳能发电的重要部件，太阳能发电具有如下特点：

（1）太阳能无公害，是一种取之不尽、用之不竭的清洁能源，石油、煤炭资源是有限的，而太阳能是一种半永久性的能源，太阳能发电不需燃料费用。

（2）有太阳的地方便可发电，因此使用方便，灵活。对于火力、水力发电方式来说，发电站一般远离负荷，需要长距离输电，而太阳电池可设置在负荷所在地就近为负荷提供电能。

（3）无可动部分、寿命长，发电时无噪音，管理、维护简便。

（4）太阳电池能直接将光能转换成电能，不会产生废气、有害物质等。

（5）太阳电池的出力随入射光、季节、天气、时刻等的变化而变化，夜间不能发电。

（6）所产生的电是直流电，并且无蓄电功能。

（7）日照能量稀薄。

（8）目前发电成本较高。

3.2 太阳电池的发电原理及构造

1. 太阳电池的发电原理

当光照射在半导体上时，不纯物中的电子被激励，由于带间激励，价带中的电子被激励而产生自由载流子，从而导致电气传导度增加的现象（Photoconductive Effect），这种现象称为光传导现象。

图 3.1 为用能带图表示的带间激励引起的光传导现象的示意图。当大于禁带宽（Band Gap）ε_g 的能量的光（$h\omega \geqslant \varepsilon_g$）照射在半导体上时，由于带间迁移作用，价带中的电子被激励，而产生电子-空穴对，使电气传导度增加。

但是，当如图 3.2 所示的半导体中的内部电场 E 存在时，半导体受到光照射时便产生电子-空穴对，由光所产生的电子在导带中的电场的作用下向右侧运动，而价带中的空穴则向左侧运动，由于产生电荷载流子的分极作用，半导体的两侧产生电位差，这种现象称为光电效应（Photovoltaic Effect）。

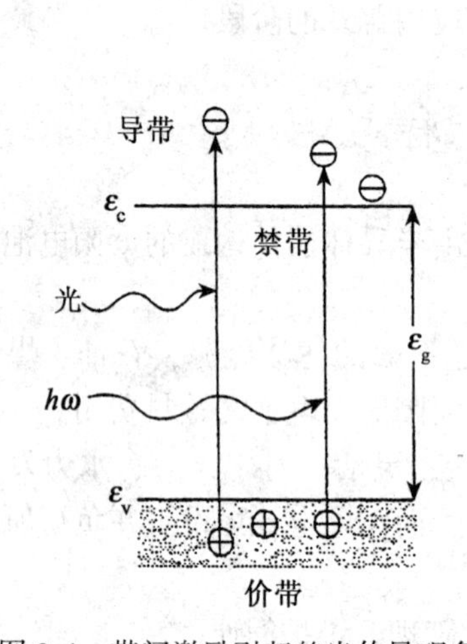

图 3.1 带间激励引起的光传导现象

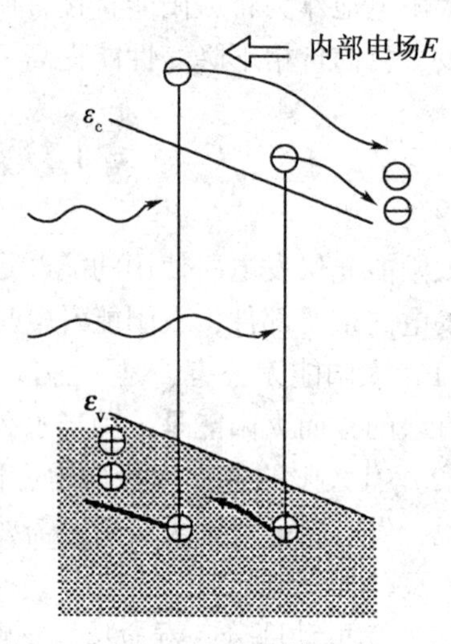

图 3.2 光电效应

图 3.3 为单晶硅太阳电池的构造。实际的太阳电池是在 P 型硅的周围用扩散的方法形成较薄的 N 型层，并带有电极。

图 3.4 为单晶硅太阳电池受到光照射时产生载流子的情况，此图为 PN 结的放大图。当光照射时，由于内部电场的作用在接合部附近产生载流子。图中：L_n 为电子的扩散距离，L_p 为空穴的扩散距离，d 为接合深度，W 为迁移区。

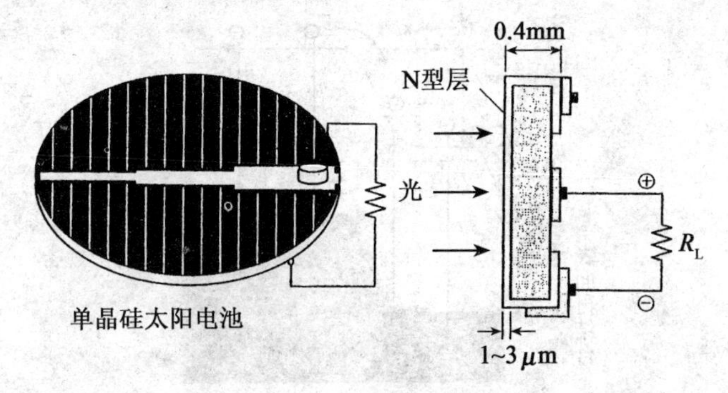

图 3.3　单晶硅太阳电池的构造

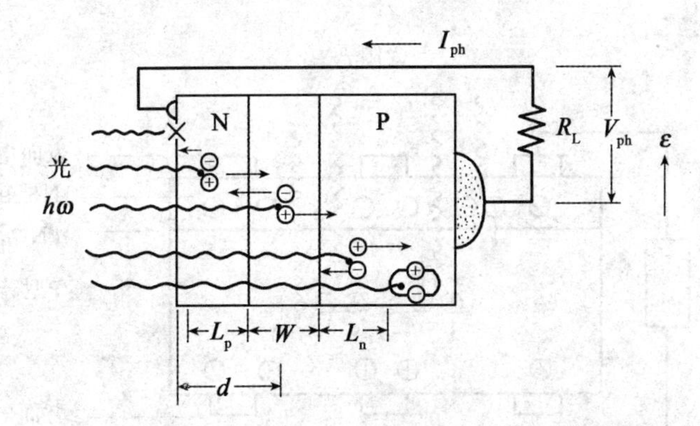

图 3.4　单晶硅太阳电池受到光照射时产生载流子的情况

图 3.5 为用能带图表示的载流子分极的情况。由图可知，光照射而产生的电子-空穴对由于迁移区内部电场的作用而左右漂移，在两端的电极聚集而产生光电压 V_{ph}，当太阳电池与负载连接时，P 型硅的空穴，N 型硅的电子流向负载便形成光电流 I_{ph}。

2. 太阳电池的构造

太阳电池的构造多种多样，一般的太阳电池的构造如图 3.6 所示。现在多使用由 P 型半导体与 N 型半导体组合而成的 PN 结（PN Junction）型太阳电池。主要由 P 型、N 型半导体、电极、反射防止膜（Antireflective Film）等构成。

对于由两种不同的硅半导体（N 型与 P 型）构成的硅太阳电池（Silicon Solar Cell），当太阳光照射时，太阳的光能被太阳电池吸收，产生空穴（+）和电子（-）。空穴向 P 型半导体集结，而电子向 N 型半导体集结，当在太阳电池的表面和背后的电极之间接上负载时，便有电流流过。

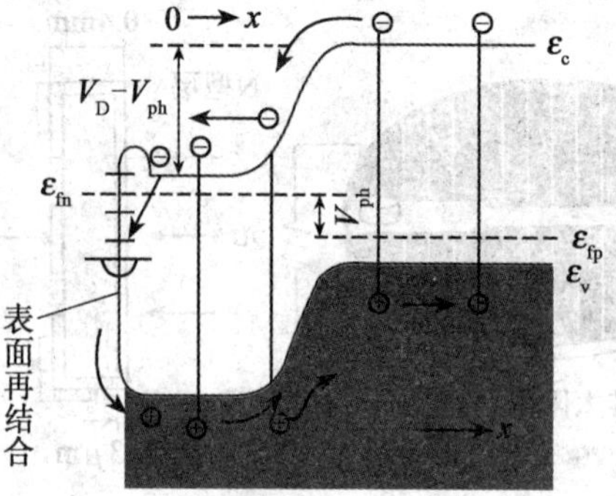

图 3.5　载流子分极的情况

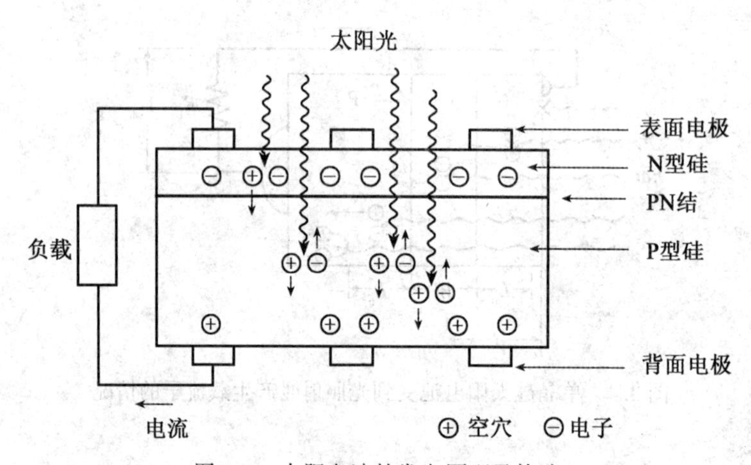

图 3.6　太阳电池的发电原理及构造

3.3　太阳电池的种类

太阳电池根据其使用的材料可分成硅系太阳电池、化合物系太阳电池以及有机半导体系太阳电池等种类，如表 3.1 和图 3.7 所示。硅系太阳电池可分成晶硅系太阳电池和非晶硅系太阳电池。而晶硅系又可分成单晶硅太阳电池和多晶硅太阳电池。

化合物半导体太阳电池可分为Ⅲ-Ⅴ族化合物（GaAs）太阳电池、Ⅱ-Ⅵ族化合物（CdS/CdTe）太阳电池以及三元（Ⅰ-Ⅲ-Ⅳ族）化合物（$CuInSe_2$：CIS）太阳电池等。

有机半导体太阳电池可分成染料敏化太阳电池以及有机薄膜（固体）太阳电池等。

如果根据太阳电池的形式、用途等还可分成民生用、电力用、透明电池、半透明电池、柔软性电池、混合型电池（HIT电池）、积层电池、球状电池以及量子点电池等。

表3.1为各种太阳电池的特征。

表3.1 **各种太阳电池的特性**

半导体	晶型	电池种类	特点	主要用途
硅系	晶硅系	单晶硅电池（组件转换效率约为22.7%）	转换效率、可靠性较高，使用实绩多，价格高	地上（各种屋外用途）以及宇宙太阳能光伏系统
		多晶硅电池（组件转换效率约为17%）	可靠性高，价格低，使用广，转换效率稍低，适合于批量生产	地上用太阳能光伏系统、电子计算器、钟表等民生用
	非晶硅系	非晶硅电池（组件转换效率约为10.4%）	电池为薄膜型，适合于大面积、大量生产，与荧光灯的波长对应	建材一体型，地上用太阳能光伏系统以及民生用等
化合物	单晶 多晶	化合物电池（CIS组件转换效率约为13.6%，CdTe约为10.9%）	制造过程简单，可与高转换效率材料组合，转换效率较高，薄膜，节省材料	宇宙用，民生用
有机	染料敏化	染料敏化电池（研究阶段组件转换效率约为8.5%）	转换效率较低，价格低，柔软、颜色和形状可自由选择	民生用
	有机薄膜	有机薄膜电池（研究阶段组件转换效率约为3.5%）	转换效率较低，价格低，可使用印刷方法制造。重量轻、柔软，应用广	民生用
量子点		量子点电池	转换效率较高 理论可达60%	地上，民生用

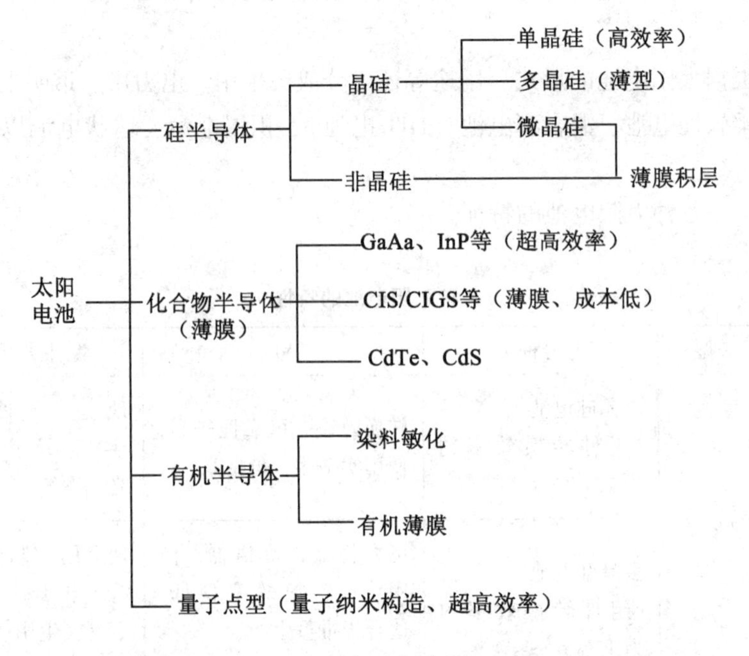

图 3.7 太阳电池的种类和特性

3.3.1 单晶硅太阳电池

自太阳电池发明以来，单晶（Monocrystal，Single Crystal）硅太阳电池开发的历史最长。人们最早使用的太阳电池是晶硅太阳电池。图 3.8 为单晶硅太阳电池的外观，单晶硅太阳电池的硅原子的排列非常规则，在硅太阳电池中转换效率最高，转换效率的理论值为 24%～26%，实际产品的单晶硅太阳电池组件的转换效率为 17%以上，从宇宙到住宅、街灯等已得到广泛地应用，目前主要用于发电。

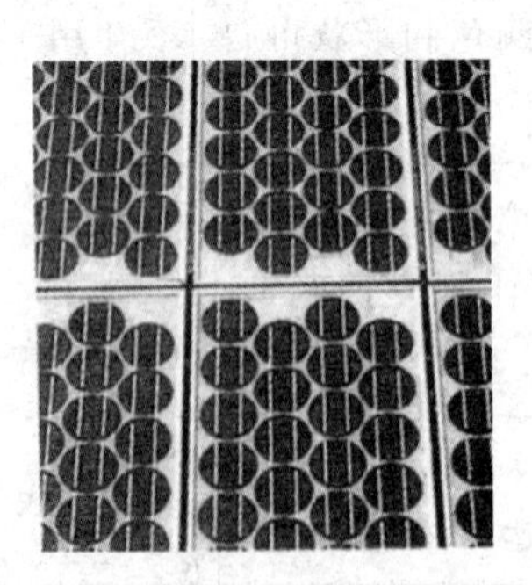

图 3.8 单晶硅太阳电池

与其他的太阳电池比较，制造单晶硅太阳电池所用硅材料比较丰富，制造技术比较成熟，结晶中的缺陷较少，转换效率较高，可靠性较高，特性比较稳定等特点。可使用20年以上，但制造成本较高。

3.3.2　多晶硅太阳电池

在提高太阳电池转换频率的同时，还必须降低成本和实现批量生产，为了达到此目的，人们研发了多晶（Polycrystal，Multicrystal）硅太阳电池。

图3.9为多晶硅太阳电池的外观。多晶硅太阳电池转换效率的理论值为20%，实际产品的转换效率约为17%。与单晶硅太阳电池的转换效率相比虽然略低，但由于多晶硅太阳电池的原材料较丰富，制造比较容易，制造成本较低，因此，其使用量已超过单晶硅太阳电池，占主导地位。

图3.9　多晶硅太阳电池

由于晶硅系太阳电池可以稳定地工作，具有较高的可靠性和转换效率，因此现在所使用的太阳电池主要是晶硅太阳电池，并且在太阳能光伏发电中占主流。

3.3.3　非晶硅太阳电池

图3.10为非晶（Amorphous）硅太阳电池的外观，它的原子排列呈现无规则状态，转换效率的理论值为18%，但实际产品的组件转换效率为10%左右。这种电池早期存在劣化特性，即在太阳光的照射下，初期存在转换效率下降的现象，最近，非晶硅太阳电池的初期劣化转换效率得到提高。

非晶硅太阳电池是在玻璃板上使用蒸镀非晶硅的方法，在薄膜状态（厚度为数微米）下制作而成。与晶硅太阳电池相比，可大大减少制作太阳电池所需的材料，大量生产时成本较低。

尽管非晶硅太阳电池的转换效率不高，但由于非晶硅太阳电池具有制造工艺简单，易大量生产，制造所需能源、使用材料较少（厚度1μm以下，单晶硅300μm）、大面积化容易、可方便地制成各种曲面形状以及可以做成成本较低的薄

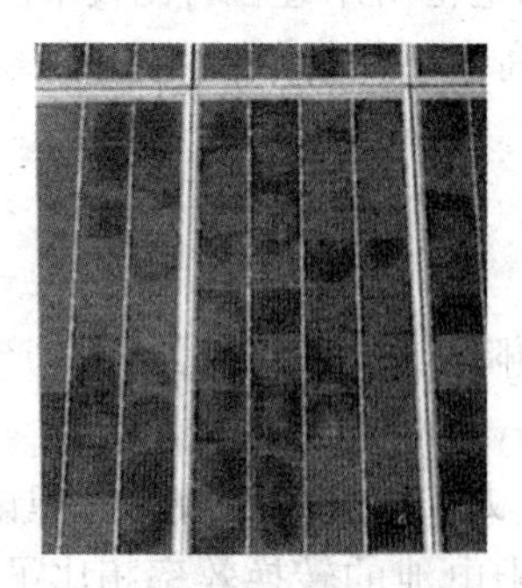

图 3.10 非晶硅太阳电池

膜太阳电池等特点，所以有广阔的应用前景。目前，非晶硅太阳电池在计算器、钟表等行业已被广泛应用。

3.3.4 化合物太阳电池

化合物是由两种以上的元素构成的物质。化合物（Compound）太阳电池一般使用 GaAs、InP、CdS/CdTe 等化合物半导体材料，化合物太阳电池主要有Ⅲ~Ⅴ族（镓 Ga（Ⅲ族）和砷 As（Ⅴ族），铟 In（Ⅲ族）和磷 P（Ⅴ族））以及Ⅱ~Ⅵ族（镉 Cd（Ⅱ族）和硫磺 S（Ⅵ族），镉 Cd（Ⅱ族）和碲 Te（Ⅵ族））等种类，除此之外，还有 CIS 以及 CIGS 太阳电池等种类。与硅材料的太阳电池相比，化合物太阳电池具有波带宽、光吸收能力强、转换效率高、可做成薄膜、柔软、节省资源、重量轻、制造成本较低等特点。化合物太阳电池将成为下一代新型电池。

1. GaAs、InP 太阳电池

由Ⅲ~Ⅴ族半导体组合而成的太阳电池有砷化镓 GaAs、磷化铟 InP 等太阳电池，目前已经得到应用。它是在 GaAs 单晶衬底上，将Ⅲ~Ⅴ族半导体薄膜制成层状（即制膜），虽然结晶和薄膜的制造成本不是太高，但其转换效率较高。由于 GaAs、InP 太阳电池具有较强的耐放射线特性，能够适应宇宙空间的使用要求，所以目前主要用于人造卫星、空间实验站等宇宙空间领域。

在转换效率方面，目前芯片为 25% 左右，而使用聚光镜的聚光型太阳电池的转换效率已超过 40% 以上。Ⅲ~Ⅴ族太阳电池的转换效率较高的原因是由于Ⅲ~Ⅴ族半导体的光吸收率较高，如Ⅲ~Ⅴ族半导体（在光子能量 1.5eV 附近）光吸收率比硅半导体（在光子能量 1.25eV 附近）光吸收率高 2 位数，可高效地吸收光能。另外，GaAs 半导体的能带为 1.43eV，比晶硅半导体 1.11eV 要高，虽然性能较好，但由于镓、铟等原材料产量较少，而且价格较高，所以原材料供给不太稳定。

GaAs与硅、锗具有同样的半导体性质，这样组合而成的半导体称为化合物半导体。图3.11为AlGaAs-GaAs太阳电池的构成，主要由正电极、P型（AlGaAs）、P型（GaAs）、N型（GaAs）以及负电极构成。该太阳电池的N型半导体使用GaAs化合物，而P型半导体使用AlGaAs化合物，即在GaAs化合物中加入铝Al材料作为不纯物制成的化合物。其芯片的转换效率达到26%左右，聚光型太阳电池的转换效率已超过40%，图3.12为GaAs太阳电池组件。

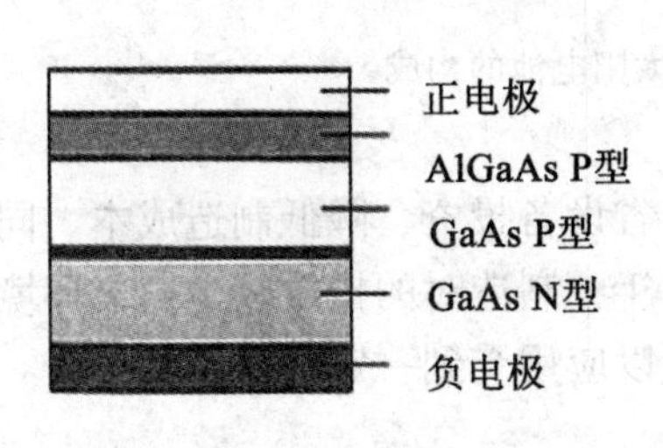

图3.11 GaAs太阳电池的构成

图3.12 GaAs太阳电池组件

In与P组合而成的InP太阳电池与GaAs太阳电池基本相同，具有较强的宇宙放射线防护作用，即使遭到宇宙放射线的破坏，它具有较好的自恢复能力，因此，InP太阳电池可在放射线较强的空间环境中使用。需要指出的是，InP和GaAs半导体可在积层太阳电池中使用，以提高太阳电池的转换效率等。

2. CdS/CdTe太阳电池

由Ⅱ～Ⅵ族组合而成的太阳电池有硫化镉（镉Cd（Ⅱ族）-硫磺S（Ⅵ族）），碲化镉（镉Cd（Ⅱ族）和碲Te（Ⅵ族））等太阳电池。但一般使用由二者组合而成的CdS/CdTe太阳电池，其中CdS为N型，CdTe为P型。

图3.13为印刷方式制成的CdS/CdTe太阳电池的构成。主要由玻璃衬底、透明电极膜、N型CdS、P型CdTe以及背面电极等组成。CdS/CdTe太阳电池的转换效率因制造方法的不同而不同，采用印刷方式可实现低成本、大面积制造，目前小面积芯片的转换效率为12.8%左右。而采用真空蒸镀法时，小面积薄膜太阳电池芯片的转换效率约为16%，大面积的为11%左右。目前正在研发高效率的太阳电池。

CdTe太阳电池的光吸收波长范围如图3.14所示。由于由镉等半导体构成的CdTe太阳电池的太阳光吸收波长范围较广，有较强的光吸收能力，能带为1.5eV，可将半导体做成薄膜，形成薄膜太阳电池。另外，在普通的玻璃衬底上可低温制成多结晶膜，所以可制成成本低、转换效率较高的太阳电池。这种太阳电池可采用印

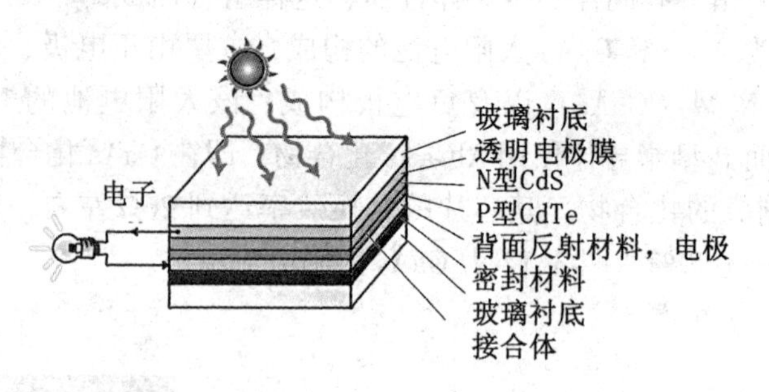

图 3.13 CdS/CdTe 太阳电池的构成

刷方式制成，不需大型真空设备，可大大节省设备投资，降低制造成本。同时由于制造所使用的原材料较少，回收时间约为1年，制造时的排放较少，对环境影响较少。不过由于这种电池具有较强的毒性，所以应用受到一定的限制。

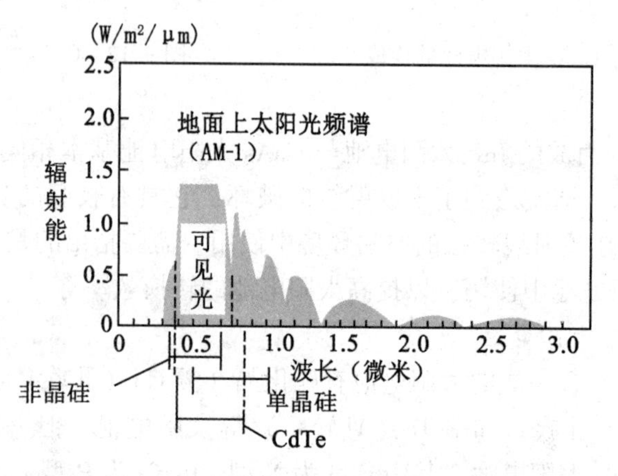

图 3.14 CdTe 太阳电池的光吸收波长范围

3. CIS/CIGS 太阳电池

化合物太阳电池有GaAs、InP以及CdS、CdTe等太阳电池，它们分别由Ⅲ~Ⅴ族以及Ⅱ~Ⅵ族材料构成，由于Ⅱ族处在Ⅰ族与Ⅲ族之间，所以出现了Ⅰ-Ⅲ-2Ⅵ组合的CIS以及CIGS太阳电池。CIS太阳电池由铜Cu（Ⅰ族）-铟In（Ⅲ族）-硒Se_2（Ⅵ族）构成，称为铜铟硒太阳电池。而CIGS太阳电池则在CIS太阳电池中加入了镓Ga（Ⅲ族）而构成，称为铜铟镓硒太阳电池。CIGS太阳电池的组成比可用Cu（In_1-$x$$Ga_x$）$Se_2$表示，Ga的组成$x$从0~1变化时，半导体的能带则从1.0~1.7eV变化，可见控制x可使太阳电池的组成达到最佳。CIGS太阳电池的组成x为0时，则为CIS太阳电池。

图3.15为CIS/CIGS太阳电池的构成，主要由负电极、N型、P型、正电极以及玻璃衬底等构成，N型为透明导电膜，P型使用CIGS材料。图3.16所示为CIS/CIGS太阳电池组件。由于CIGS太阳电池使用黄铜矿系的半导体材料，具有较高的光吸收率，因此其发电层很薄，除去玻璃衬底的厚度仅为1～2μm左右，只有晶硅太阳电池厚度的1/100，这种电池具有节省资源、降低制造所需能源、容易量产、可连续大量生产等特点。衬底除了玻璃之外，也可使用金属箔、塑料等较轻且柔软的材料作为衬底制成太阳电池，作为下一代薄膜太阳电池受到关注。由于CIS/CIGS太阳电池具有极高的光吸收率，其理论转换效率可达25%～30%以上，目前组件转换效率为14%左右，对于CIGS半导体材料，可改变其厚度方向的组成，控制光吸收波长范围，将来有望进一步提高转换效率。

CIS/CIGS太阳电池组件的构成与晶硅太阳电池组件不同，晶硅太阳电池组件由芯片组成，如果由于阴影的影响则出现不发电的芯片，从而导致系统出力下降，而在CIS/CIGS太阳电池组件中阴影可能会影响部分出力，但对整个系统的出力影响不大。CIS/CIGS太阳电池已经在发电等领域得到广泛应用，由于其良好的发电特性，将来可能超过晶硅太阳电池，成为太阳能发电的主力电池。CdS/CdTe太阳电池以及CIS/CIGS太阳电池的转换效率虽比Ⅲ～Ⅴ族太阳电池的转换效率低，但由于制造成本较低等，所以在宇宙空间以外，即地面上正在得到越来越多的应用。

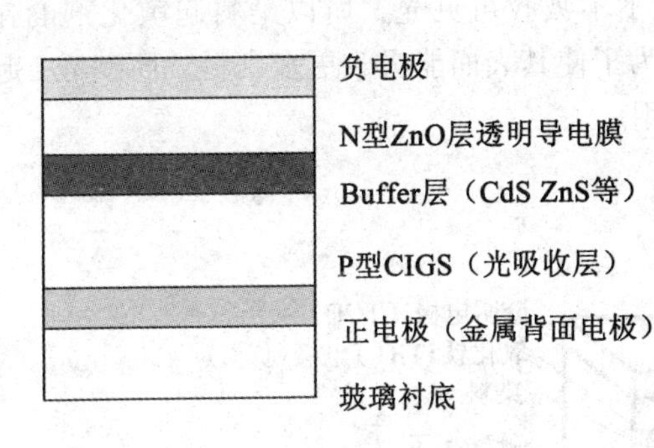

图3.15　CIS/CIGS太阳电池的构成

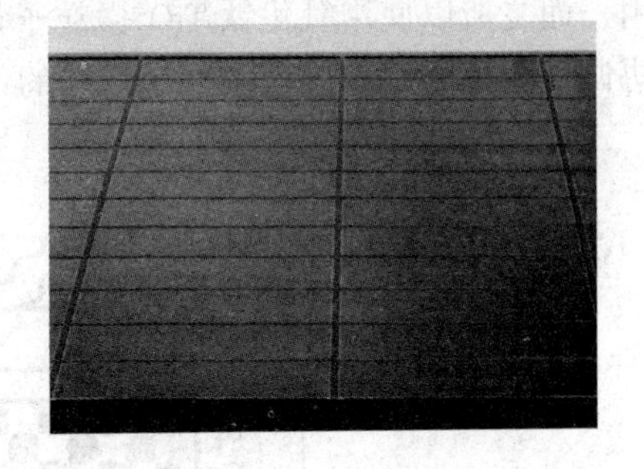

图3.16　CIS/CIGS太阳电池组件

3.3.5　有机太阳电池

近年来随着太阳能光伏系统的大量应用与普及，迫切需要研制成本低、资源丰富以及对环境友好的新型太阳电池，作为新一代太阳电池，有机（Organic）太阳电池受到人们的极大关注。有机太阳电池是由有机材料（有机化合物）制成的太阳电池，可分为染料敏化太阳电池和有机薄膜太阳电池两种。有机太阳电池具有轻便、柔软、原材料价格便宜、不需大型制造设备、制造成本较低、耐久性较弱、转换效率较低等特点。虽然转换效率较低，但由于以上特点，有机太阳电池有望成为下一代广泛应用的新型太阳电池。下面介绍这两种太阳电池的特点、构成、发电原理、组件以及应用情况等。

3.3.5.1　染料敏化太阳电池

1. 染料敏化太阳电池

染料敏化（Dye-Sensitized）太阳电池的研究始于20世纪60年代，当初的转换效率较低，1991年瑞士科学家研制出了转换效率7%的太阳电池，引起了人们的关注。目前芯片的转换效率已经达到11%左右，组件的转换效率为8.5%左右。与硅材料的太阳电池相比，染料敏化太阳电池具有批量生产容易、制造成本较低等特点，由于采用节能、高速制造的方法，所以制造成本较低，设备投资较少，发电成本较低。目前，染料敏化太阳电池的发电成本约为晶硅太阳电池的一半，甚至更低。作为下一代新型太阳电池未来将会得到广泛应用与普及。

2. 染料敏化太阳电池的构成

染料敏化太阳电池由透明电极、氧化钛 TiO_2 电极、染料、含有碘酸的电解液以及白金或碳电极（正极）等构成，如图3.17所示。氧化钛 TiO_2 电极是一种将表面附着有染料的纳米大小的氧化钛 TiO_2 微粒子制成叠层多孔状的薄膜电极（负极）。染料起吸收光能并放出电子的作用，一般使用可吸收从可见光到近红外范围光能的钌（Ru）络化体。TiO_2 半导体几乎不吸收可见光，所以染料起敏化剂的作用，而之所以使用氧化钛 TiO_2 微粒子是为了使其表面能吸收更多染料。而碘酸 I 起协调氧化还原反应过程中电子移动的作用。

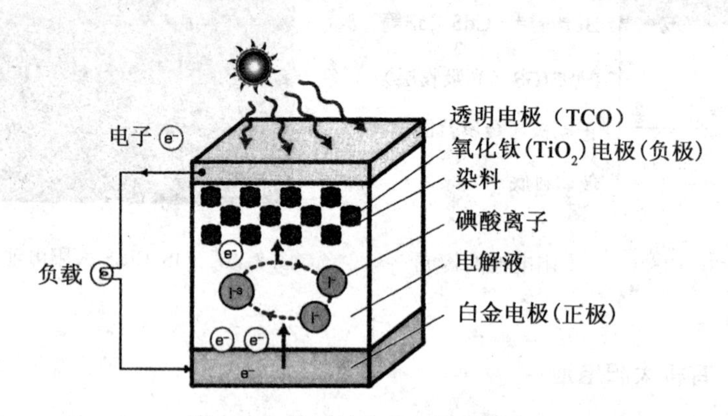

图3.17　染料敏化太阳电池的构造

3. 染料敏化太阳电池的发电原理

在染料敏化太阳电池中，染料吸收光后所产生的电子进入 TiO_2 半导体的导带，经过透明电极（TCO）和外部电路流向白金电极（正极），另一方面，电解液中的碘酸（I）获得来自正极的电子变成I^-，之前失去电子的染料从电解液中的I^-得到电子进行再结合，当电路中接入负载时由于电子移动的结果产生电能。简单地说，在染料敏化太阳电池中，氧化钛微粒子表面附着的染料吸收可见光后产生电子和空穴，在电子和空穴以及碘酸酸溶液的氧化还原电位差作用下产生电能。

这里所介绍的染料敏化太阳电池中使用了电解液，因此称为湿式太阳电池，由于使用电解液存在泄漏的可能，最近已经开发出了固体电解质的染料敏化太阳电池。另外，使用从植物中抽出的有机染料制成的太阳电池也已经问世。

4. 染料敏化太阳电池组件

图3.18为染料敏化太阳电池，其转换效率与所使用的有机染料的种类有关，使用典型的染料N719、N3以及Ru等时，其研究阶段的太阳电池芯片的转换效率为11%左右，组件为8.5%左右。另外，根据有机染料吸收的光的波长，即改变有机染料的颜色，可任意改变太阳电池的颜色，以满足各种不同的需要。

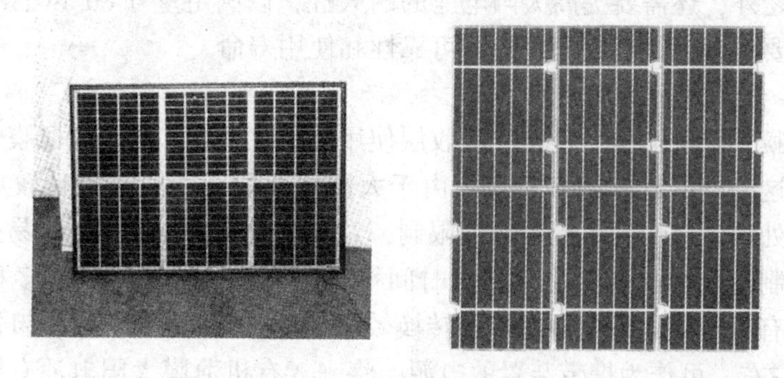

图3.18　染料敏化太阳电池

5. 染料敏化太阳电池的应用

对染料敏化太阳电池来说，既可以制成透明的太阳电池，也可以使用吸收波长不同的染料制成绚丽多彩的太阳电池，还可使用塑料衬底制成柔软、轻便的太阳电池，这些太阳电池可作为窗玻璃电池使用，也可用于计算机、手机以及家电的备用电源，由于染料敏化太阳电池还存在转换效率低、耐久性差等问题，目前主要在室内使用。图3.19为染料敏化太阳电池在住宅门窗上的应用情况。

由于选择不同的染料可做成各种颜色的太阳电池，也可做成各种形状，因此目前染料敏化太阳电池在民用，如雨伞、书包等已经得到应用。

6. 今后的课题

为了应用和普及染料敏化太阳电池，必须进行芯片的大型化和集成化技术的研发，需要研发新材料、新工艺等。另外，为了进一步降低太阳能光伏系统的成本，需要大力提高太阳电池的转换效率，目前芯片的转换效率约为11%，组件的转换

图 3.19 染料敏化太阳电池在住宅门窗上的应用情况

效率为 8.5%左右，将来需要研发 15%以上的染料敏化太阳电池。为了提高转换效率，需要研发多层结构的太阳电池，以及由吸收波长不同的染料的芯片积成的太阳电池。除此之外，还需要提高太阳电池的耐久性，以满足室外 80°以上的高温、紫外线照射的要求，以提高太阳电池的可靠性和使用寿命。

3.3.5.2 有机薄膜太阳电池

有机薄膜太阳电池是一种在光吸收层使用有机化合物，可制成薄膜、胶片状的太阳电池。这种电池具有诸多特点：由于太阳电池的面积可以做得较大，可在外墙、窗户等处广泛应用；不受资源的限制，对环境无影响，使用后容易处理；可使用印刷技术制造太阳电池，能量回收时间短；应用设计自由，具有多种多样的用途。目前，有机薄膜太阳电池芯片的转换效率较低，仅为 6%左右，组件的转换效率为 3.5%左右，可作为携带装置的电源，将来，有机薄膜太阳电池有望成为下一代新型太阳电池，并在太阳能光伏系统中使用。有机薄膜太阳电池比染料敏化太阳电池的构造和制造方法更为简单，由于不使用电解液，因此该电池具有柔软性好、寿命长等优点。

1. 有机薄膜太阳电池的种类及构成

有机薄膜太阳电池有 P 型、PN 型、PIN 型以及混合层（Bulk Heterojunction）型等种类。P 型有机薄膜太阳电池如图 3.20 所示，由 Au 电极、P 型有机薄膜以及 Al 电极构成，该太阳电池的效率较低。PN 型有机薄膜太阳电池如图 3.21 所示，由 Au 电极、P 型、N 型有机薄膜以及 Al 电极构成。与 P 型有机薄膜太阳电池相比，对有机薄膜部分进行了改良，采用了 P 型、N 型有机薄膜重叠结构，提高了转换效率，但与硅系太阳电池相比转换效率仍然较低。

PIN 型有机薄膜太阳电池由 ITO 电极、P 型、PN 型混合、N 型有机薄膜以及 Al 电极构成。如图 3.22 所示，由于 PN 型混合层的 I 型半导体的作用，使转换效率达到了 5%以上。混合层型有机薄膜太阳电池如图 3.23 所示，由 ITO 电极、PN 型混合有机薄膜以及 Al 电极构成。最大的特点是 P 型采用了有机半导体聚合物

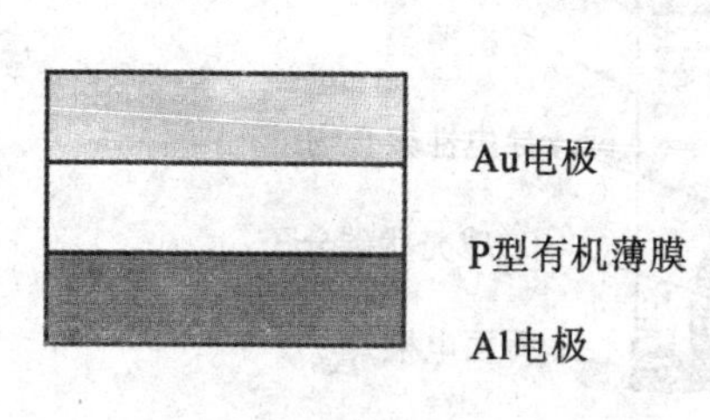

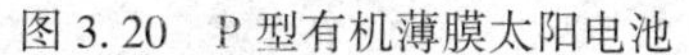
图3.20 P型有机薄膜太阳电池

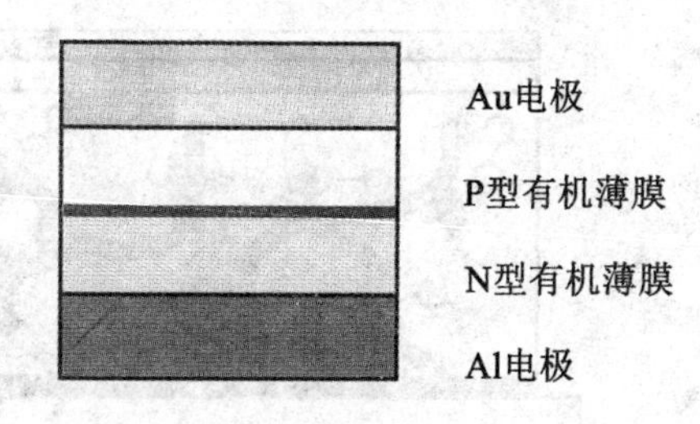

图3.21 PN型有机薄膜太阳电池

（高分子），即采用了将P型有机半导体和C_{60}球壳状碳分子（Fullerene）的N型半导体进行混合的结构，在这种太阳电池的混合层由于接触面积增大，可提高电荷分离的效率，使光电流增加，可使太阳电池的性能提高。这种太阳电池可使用印刷技术进行制造，可大大降低制造成本。

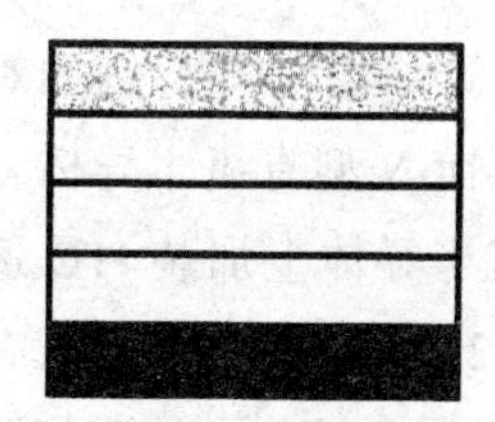

图3.22 PIN型有机薄膜太阳电池

图3.23 混合层型有机薄膜太阳电池

图3.24所示的有机高分子涂制型太阳电池不会分离成N型、P型领域，两者相互形成网络接合构造，在两者的界面形成PN结。由于聚合物半导体的载流子（电子或空穴）的扩散长度较短，只在两领域的界面将光能转换成电能，因此，在薄膜领域内将所吸收的光能转换成电流的比率非常低，即转换效率较低。目前，单芯片的转换效率为5%左右，多接合为6.5%左右。另外，有机薄膜太阳电池还存在转换效率低、耐久性差等问题，虽然材料费用便宜且制作方法简单，但需大幅降低生产成本。

2. 有机薄膜太阳电池的发电原理

有机薄膜太阳电池由导电性聚合物或由碳原子配列的球形分子构成。PN结由P型有机半导体和N型有机半导体材料构成，P型半导体一般采用高分子材料或低分子材料，而N型半导体一般采用C_{60}球壳状碳分子等材料。

在硅系太阳电池中，PN结是由在硅材料中添加不纯物而制成的P型半导体与

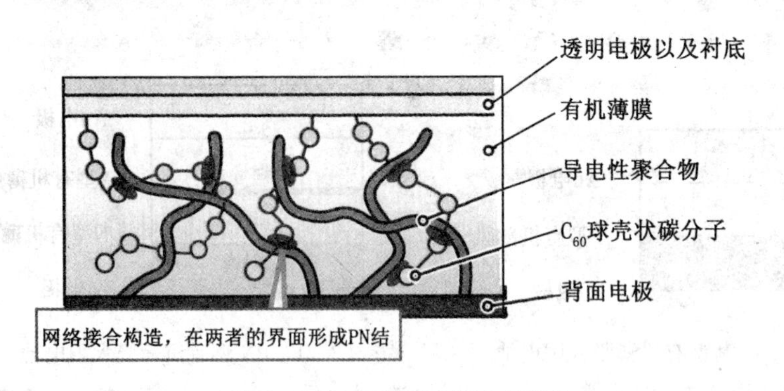

图 3.24 有机薄膜太阳电池的构造

N 型半导体构成的，而有机薄膜太阳电池则使用有机材料，虽然两种太阳电池的 PN 结所使用的材料各异，但其发电原理并无本质区别，因此，有机薄膜太阳电池的发电原理与 PN 结型的硅太阳电池的发电原理相同。

3. 有机薄膜太阳电池的制造方法

有机薄膜太阳电池的制造方法有蒸镀法以及印刷法（涂制法）等。例如对于图 3.21 所示的 PN 型有机薄膜太阳电池，先在 Al 电极上蒸镀 N 型有机半导体，然后在 N 型有机半导体上蒸镀 P 型有机半导体，在 P 型有机半导体上加装 ITO 透明电极，则整个有机薄膜太阳电池的制造便完成。而对图 3.23 所示的混合层型有机薄膜太阳电池来说，可采用印刷法进行制造，先将两种材料混合熔化，然后将溶液涂在装有电极的衬底上，干燥后形成薄膜，最后将铝背面电极与薄膜接合而成。

4. 有机薄膜太阳电池组件

图 3.25 为柔软型有机薄膜太阳电池。由于这种太阳电池具有柔软、美观、不同色彩等特点，可广泛用于庭院、窗台、背包等日常用品等作为电源使用。

图 3.25 柔软型有机薄膜太阳电池

3.3.6　薄膜太阳电池

薄膜（Thin Film）太阳电池是一种半导体层厚度在几微米到几十微米以下的太阳电池，它是在成本较低的玻璃等衬底上堆积晶硅系等材料的薄膜而形成的，具有节约原材料、效率高、特性稳定以及衬底成本较低的特点。

由于单晶硅、多晶硅太阳电池的半导体层的厚度较大，如晶硅太阳电池的半导体层的厚度达到 300μm 左右。随着太阳能光伏发电的应用与普及，大规模生产时会需要大量高纯度的硅材料，而使用原料少、效率高的薄膜太阳电池将会得到广泛的应用。

吸收系数是各种半导体材料的重要参数，吸收系数越大，光吸收层的厚度越薄，图 3.26 为能量与吸收系数的关系。由图可见，由于晶硅是间接迁移性吸收太阳能，可视光领域的吸收系数较小，所以光吸收层的厚度较大，为 200～400μm。

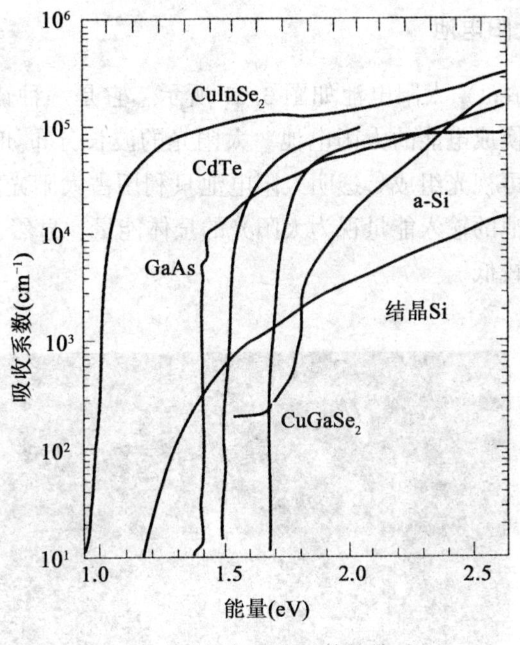

图 3.26　能量与吸收系数的关系

而 CdTe、CIGS 以及非晶硅系材料的吸收系数较大，用于太阳电池材料的厚度只需 1μm 左右。可见，在使用大面积的太阳电池时，如果采用较薄的半导体层的薄膜太阳电池则可以大大节约材料、降低成本。

薄膜太阳电池可分为硅系、Ⅱ-Ⅵ族化合物等种类。硅系薄膜太阳电池可分为晶硅系（单晶硅、多晶硅以及微晶硅）、非晶硅以及由二者构成的混合型薄膜太阳电池。一般地，非晶硅薄膜太阳电池的光吸收层的厚度为 0.3μm 左右。为了提高非晶硅薄膜太阳电池的转换效率，克服非晶硅薄膜太阳电池的弱点，目前，人们寄希望于多晶硅或微晶硅薄膜太阳电池。

CIGS 系太阳电池在薄膜太阳电池中转换效率较高，将来可达到 25%～30%。大面积组件的转换效率已达 16%，在薄膜系中最高。而且这种太阳电池的可靠性高、安全性好、无光劣化、耐辐射性好，将来可成为下一代主流太阳电池。化合物薄膜太阳电池中，CIGS 薄膜太阳电池已在太阳能光伏系统中得到应用。

薄膜太阳电池还存在一些亟待解决的课题，如微晶硅、多晶硅薄膜太阳电池需要提高小面积电池芯片的转换效率；非晶硅薄膜太阳电池需要提高大面积组件的转换效率的稳定性以及降低制造成本；CIGS、CdTe 等薄膜太阳电池需要提高转换效率、开放电压、大面积均匀制膜技术等。

3.3.7　透明太阳电池

透明（Transparent）太阳电池如图 3.27 所示，它是一种让可视光穿过，而吸收紫外光，将其转换成电能的太阳电池。太阳光的波长分布如图 3.28 所示，由紫外光、红外光以及可视光组成。透明太阳电池只利用占太阳光能的 8%的紫外光发电，如果将太阳电池的输入能量视为太阳光的全体能量，显然，与晶硅等太阳电池相比发电转换效率较低。

图 3.27　透明太阳电池

透明太阳电池的制造方法是：对由氧化锌半导体（N 型）与铜铝氧化物半导

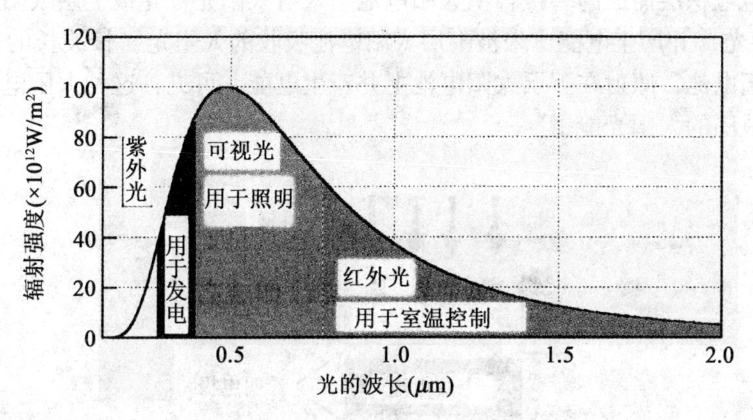

图 3.28　太阳光的波长分布

体（P 型）组成的部分，通过对气体的雾状、电路板的温度进行控制，在低于500℃的温度下，在玻璃板上将这些氧化物半导体制成透明半导体。

透明太阳电池利用了太阳电池的辐射作用，可以调整热反射，因此它可以作为窗玻璃使用。它不仅起窗玻璃的作用，而且对于房间来说，可以起到夏防热进、冬防热出的省能效果。由于透明太阳电池吸收紫外光发电，不影响其透明性，且具有节能等优点，因此，可以提高能源的综合利用率。

3.3.8　积层太阳电池

单接合太阳电池的转换效率与材料带隙的大小密切相关，比带隙小的能量，即长波长的光子入射时，将不被吸收而穿透半导体；比带隙大的能量，即短波长的光子入射时，电子在导带，空穴在价带中处于激发状态，但电子在极短时间内放出过剩能量并在带底处于稳定状态。为了解决以上问题，人们提出了多接合太阳电池，即积层太阳电池。

积层太阳电池是指将多个太阳电池进行多接合（积层）而成的太阳电池，将晶体结构相同的多个太阳电池进行积层则称为同质积层，将晶体结构不同的多个太阳电池进行积层则称为异质积层（Tandem）。例如，晶硅太阳电池可吸收从红色可见光到近红外线范围的光能，而非晶硅太阳电池可吸收从紫外线光到可见光范围的光能，如果将不同材料的太阳电池进行积层，则可吸收更广波长范围的太阳的光能，提高太阳电池的转换效率。积层太阳电池有 HIT 太阳电池（非晶硅与单晶硅）、薄膜硅混合太阳电池（非晶硅与单晶硅）以及微晶硅太阳电池（非晶硅与微晶硅）等种类，这里主要介绍 HIT 太阳电池。

图 3.29 为积层太阳电池（Tandem Solar Cell）的构造，它是由上层太阳电池和

下层太阳电池积层而成的多接合型太阳电池。入射太阳光首先被上层太阳电池吸收（短波长的光）并产生电能，未被上层太阳电池吸收的太阳光（长波长的光）则穿过上层太阳电池，照射在下层太阳电池上并产生电能。可见，这种太阳电池可利用较宽波长范围的太阳光能量。

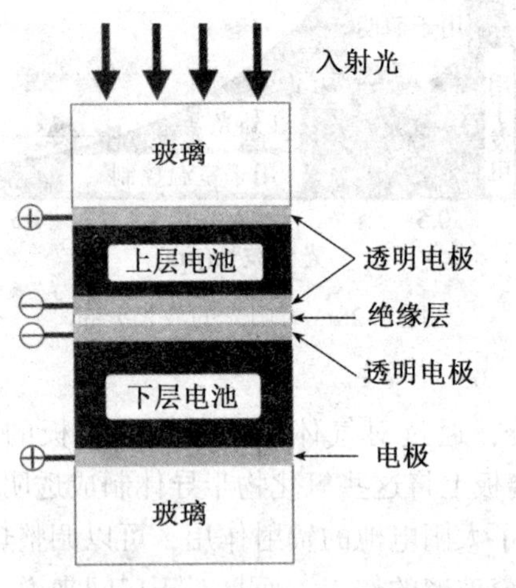

图 3.29　积层太阳电池的构造

积层太阳电池可以由多种不同类型的太阳电池构成，如上层为非晶硅，下层为多晶硅，或者上层为非晶硅，下层为微晶硅等，也可以由化合物半导体等材料构成。

太阳电池组件安装在屋顶时，如果太阳电池组件无冷却用的通风层，则太阳电池组件的温度会上升，夏天晴天时会达到 70℃以上，导致太阳电池组的转换效率随温度上升而下降。为了解决这一问题，人们研制出了 HIT 太阳电池。

HIT（Heterojunction with Intrinsic Thin-Layer）型太阳电池由薄膜非晶硅与单晶硅积层而成，如图 3.30 所示。为了防止表面反射，在 N 型单晶硅片的表面和背面分别使用了 I/P 型非晶硅与 I/N 型非晶硅，然后在上面加装透明电极。

HIT 太阳电池由于在其中形成了 I 层，使非晶硅与单晶硅层的表面特性提高，100cm^2 太阳电池的转换效率达到 24.7%，组件的转换效率达到 19%以上，为世界最高。还有，HIT 太阳电池的温度系数为-0.33%，低于单晶硅太阳电池的温度系数-0.48%，因此，HIT 太阳电池可用于温度较易上升的场合以减少出力的下降。

HIT 太阳电池具有如下的特点：

（1）结构简单、转换效率高；

（2）与传统的晶硅系太阳电池比较，温度上升对其特性的影响较小，因此实际的发电量较多；

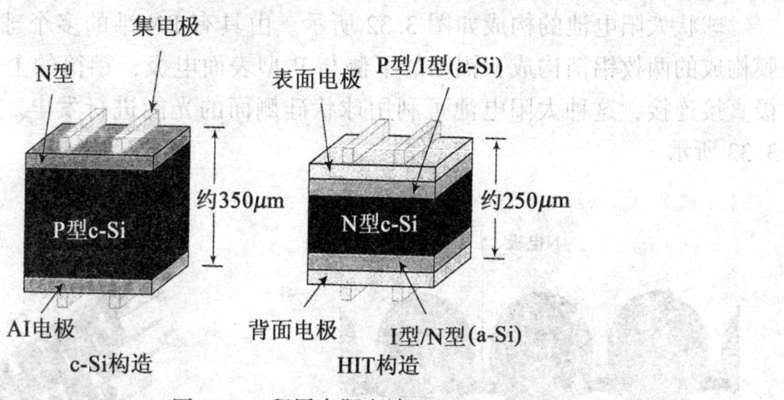

图 3.30 积层太阳电池

(3) 与传统的扩散型晶硅系太阳电池芯片制造时的接合形成温度 900℃ 相比，非晶硅的温度在 200℃ 以下，比较节省能源；

(4) 由于采用了表面、背面对称的结构，可减少因热膨胀引起的不均匀，因此可使用薄型衬底，节省资源；

(5) 由于可以利用背面的入射光进行发电，因此这种电池可两面发电。

HIT 太阳电池组件如图 3.31 所示。目前广泛用于高温、转换效率、出力要求较高的太阳能光伏系统中。

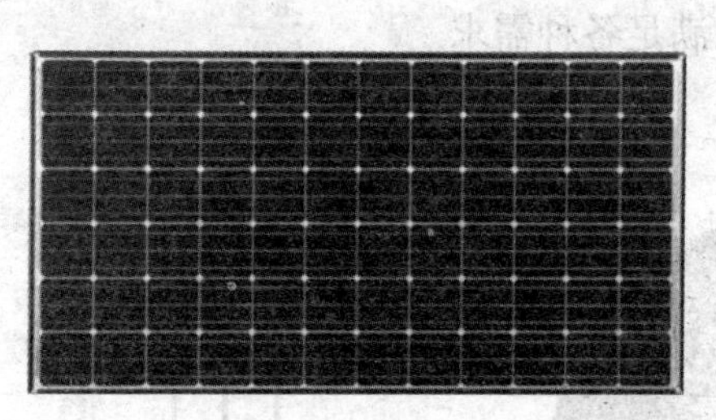

图 3.31 HIT 太阳电池组件

3.3.9 球状太阳电池

球状（Sphere）太阳电池由美国科学家于 1991 年研制成功。太阳电池使用球状晶硅制成，具有易于制造，受光面积大，可接受直射、反射、散乱等 3 维度的光能，发电能力高等特点，可制成透光性好、柔软性优良的球状太阳电池，将来可广泛使用于便携式产品、舒适生活空间等领域。

1. 球状太阳电池的构成

球状太阳电池的构成如图 3.32 所示。由具有 PN 结的多个球状硅与使用绝缘膜构成的两枚铝箔构成，铝箔的下侧与 P 型表面电极，铝箔的上侧与 N 型表面电极直接连接，这种太阳电池可利用球状硅侧面的光能进行发电。组件的构成如图 3.33 所示。

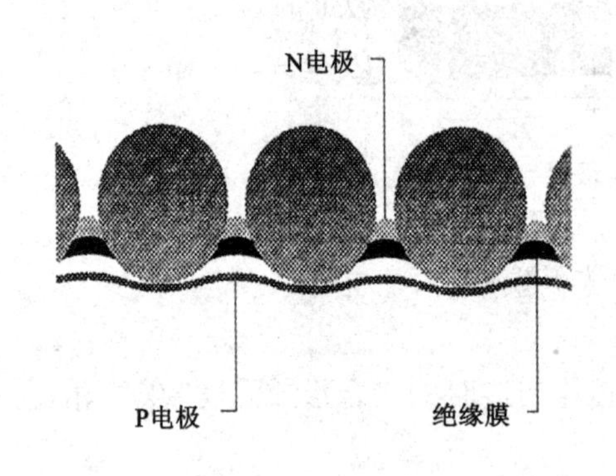

图 3.32 球状太阳电池芯片的构成

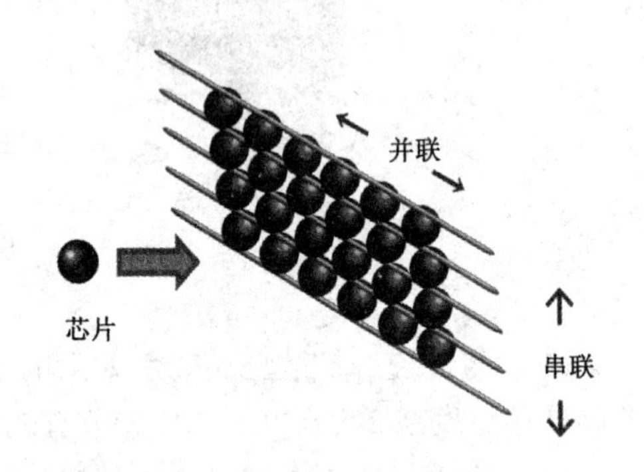

图 3.33 球状太阳电池组件的构成

如图 3.34 为另一种球状太阳电池。太阳电池芯片为直径 1~2mm 的晶硅，由于 PN 结几乎遍及整个球面，因此可利用所有方向的光能发电。另外，太阳电池芯片的正、负极处在球体的中心对称位置，因此芯片可进行多种配置，可制成透明、柔软、美观的组件，以满足各种需求。

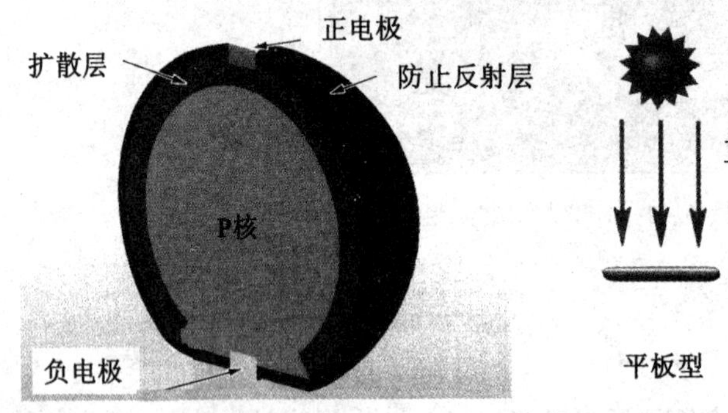

图 3.34 球状太阳电池

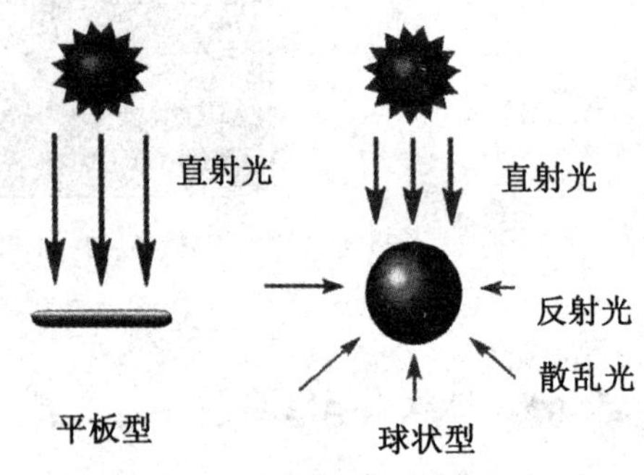

图 3.35 平板型与球状太阳电池芯片比较

2. 球状太阳电池特点

球状太阳电池具有许多特点，它制造简单，可大幅降低制造成本，可接受来自任何方向的光能，包括直射光、反射光以及散乱光，如图3.35所示。由于球状太阳电池的光利用范围较广，所以可大大提高发电能力，与平板太阳电池比较，发电能力可提高2~3.6倍。平板太阳电池组件的发电量与太阳的位置紧密相关，而球状太阳电池几乎不受太阳位置的影响，发电量比较稳定。由于球状太阳电池芯片使用直径1~2mm的球状晶硅材料，组件采用串并联的细小网状结构，所以发电量受阴影的影响不大。由于这种电池的芯片、组件可进行任意的串并联连接，所以可对输出电压、电流进行任意调整以满足负载的要求。

3. 球状太阳电池的制造方法

球状太阳电池的制造方法比较简单，先将硅原料熔化，然后使其在从高处落下的途中凝固，制成直径1~2mm大小的球状晶硅，如图3.36所示。

4. 球状太阳电池的应用

球状太阳电池的转换效率在10%~11.5%左右，目前组件的功率可达100W左右，透光性、柔软性良好的组件已经问世，如图3.37所示。图3.38为球状太阳电池方阵，可用于携带电器的电源。另外，与建筑物一体的透明组件如图3.39所示，它可利用直射光、反射光以及散乱光。球状太阳电池由于具有制造简单、成本低廉、透光性以及柔软性等特点，将成为新一代太阳电池。

图3.36　球状太阳电池的制造（球状晶硅）

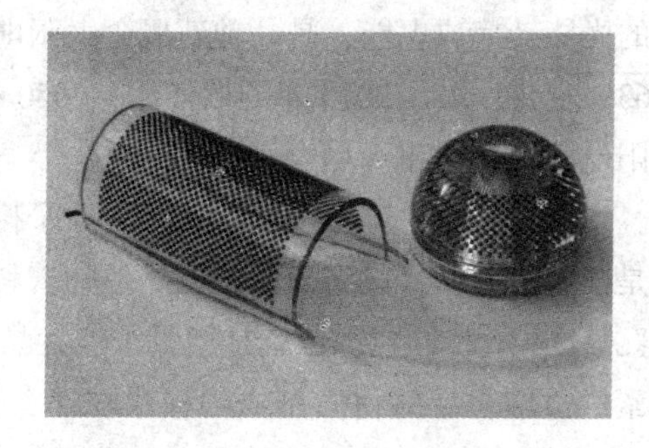

图3.37　透光性、柔软性组件

3.3.10　量子点太阳电池

太阳能光伏系统的应用与普及受技术、价格等的影响。其中，提高太阳电池的转换效率尤为重要。一方面，目前应用较多的是单晶硅电池、多晶硅电池、非晶硅电池、化合物电池（如CIS）以及有机太阳电池等，就转换效率而言，这些太阳电池的转换效率还有待进一步提高，尽管人们一直在着力研究如何提高转换效率，但由于技术水平等原因，短期内转换效率难有大幅度提高；另一方面，由于受制造太阳电池的高纯度硅的价格、硅材料涨价等因素的影响，人们开始考虑不使用硅的新型电池的可能。

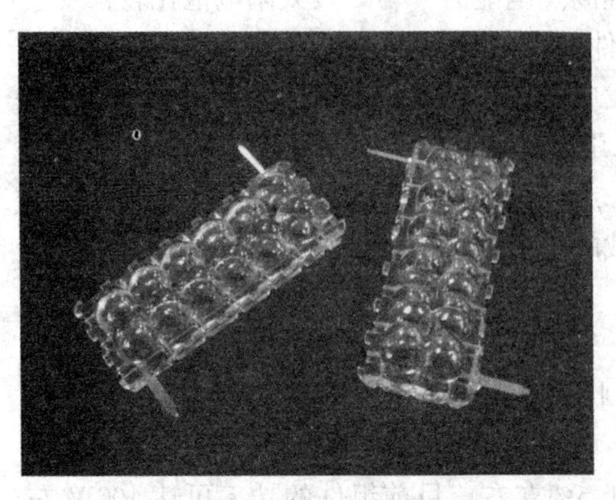

图 3.38 球状太阳电池方阵

图 3.39 建筑物一体透明组件

欧洲的科学家于 20 世纪 90 年代提出了量子点（Quantum Dot）太阳电池。量子点太阳电池利用电子的量子力学的波动性质，形成新的光吸收带，将广波长范围的光能转换成电能，是一种新概念太阳电池。量子点太阳电池的理论转换效率可达 63%左右，预计 2015 年开始使用，2050 年将进入普及阶段。作为 21 世纪的新型太阳电池，目前正竭尽全力进行研发。

大家知道，宇宙中的物质是由原子构成的，目前使用的太阳电池也不例外，它是由各种原子经过组合制成的。但随着科学技术的发展，人们发现太阳电池可以用“人工原子”制成，也就是用量子点状晶体制成。所谓量子点状晶体是指用多种元素经过融合后的物质制成的极小粒子，直径大约为 10nm（1nm 为 10^{-9}m）以下，适用于量子力学大小的粒子。在原子或分子等微观世界中，物体的运动与我们生活的世界有着显著的不同，我们所生活的世界遵循牛顿力学规律，而原子或分子等微观世界则遵循量子力学法则，因此，量子点状晶体遵循量子力学法则。

量子点（或称量子箱）是指将电子封在三维的微小的箱中的意思。箱的边长约 10nm，改变其尺寸可改变吸收光的波长，即小箱可吸收短波长的光，大箱可吸收长波长的光。量子点像固体中的原子一样运动时，在箱中产生分散能级，使电子的运动能量增大，带隙增大，使所吸收光的能量增大。另外，将大量的量子点进行高密度配置，并使它们之间的间隔变小，在量子点将产生相互作用，便形成新的吸收带（微带）。扩展吸收光的波长范围，可覆盖广范围的太阳光频谱，因此大大地提高了太阳电池的转换效率，其理论转换效率可达 63%左右。

量子点太阳电池的量子点电子状态如图 3.40 所示。在带隙较大的半导体中嵌入带隙较小的半导体，量子点（箱）的边长为 10nm 左右，它将电子封入其中，电子和空穴产生分散的能级。图 3.41 为量子点超格子的电子状态。将量子点进行高密度配置并形成量子点超格子，使其产生相互作用。

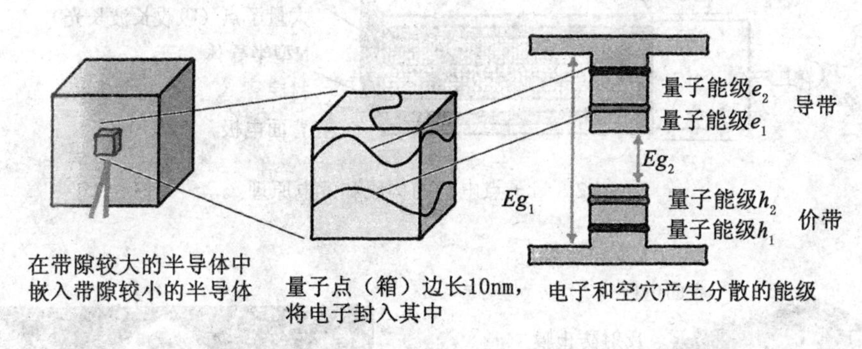

图 3.40 量子点的电子状态

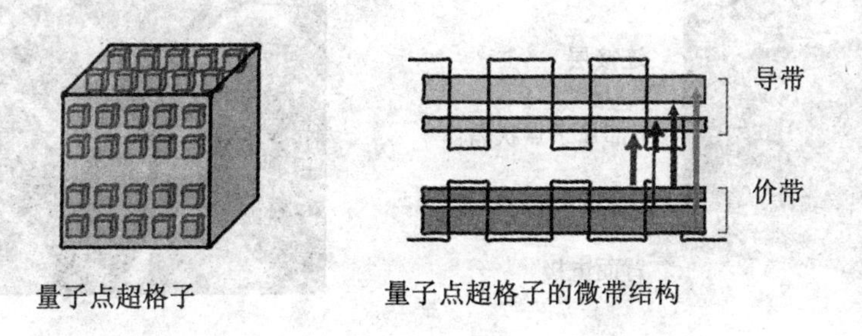

图 3.41 量子点超格子的电子状态

图 3.42 为量子点电池的构成和发电原理，图 3.43 为量子点电池的放大结构，图 3.44 为量子点电池的构造（电子显微镜照片）。它由 P 型半导体、小量子点（吸收短波长光）、大量子点（吸收长波长光）、N 型半导体、衬底、透明电极以及背面电极等构成。量子点太阳电池的发电原理如图 3.42 所示，当密封在点状结构中的电子受到太阳光的照射时，它吸收光的能量并处在高能状态，当从此状态回到基底状态时则释放出能量便产生电能，当外接电灯等负载时则有电流通过使电灯发光。

量子点太阳电池具有许多特点。由于量子点状晶体是“人造原子”，与将天然的元素进行组合而制成的晶硅等太阳电池不同，人们可以方便、灵活、自由自在地设计或改变其性质、性能。

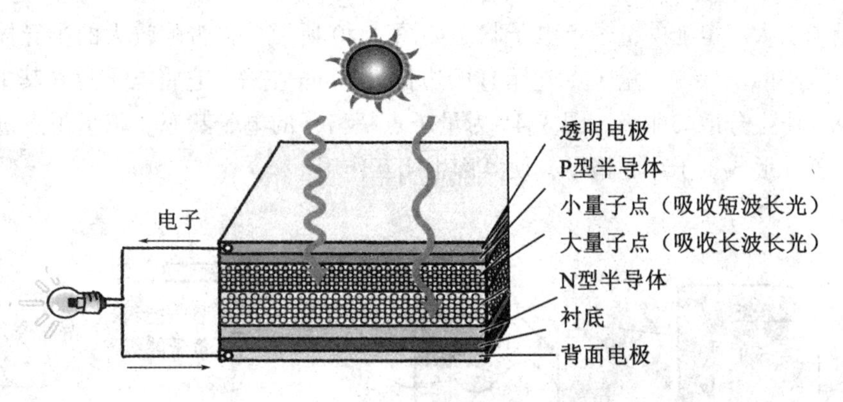

图 3.42 量子点电池的构成和发电原理

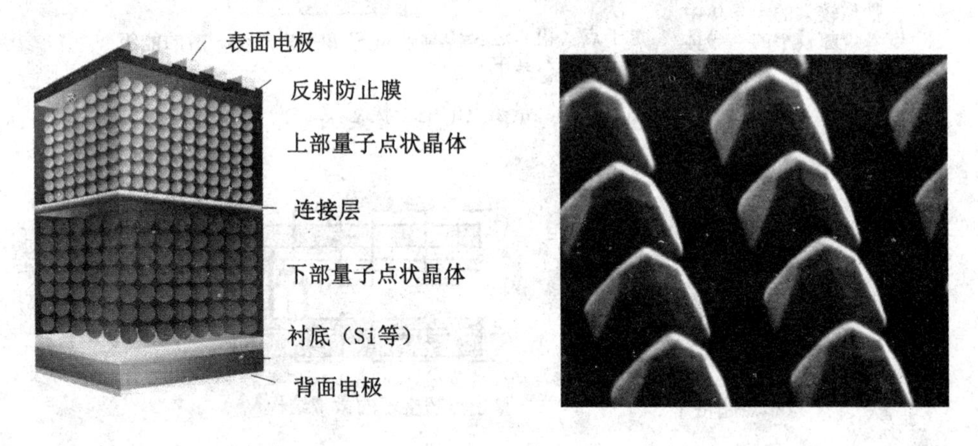

图 3.43 量子点电池放大结构

图 3.44 量子点电池的构造（电子显微镜照片）

普通的原子吸收光能，吸收何种波长（色）的光，完全由各原子决定。对量子点来说，改变其直径的大小，可调整其对各种波长的光的吸收，因此可使量子点太阳电池选择太阳光中最强光的波长，使量子点太阳电池输出功率最大。

另外，在狭窄的范围内集合更多的量子点，在量子点间引起相互作用，可吸收范围更广的波长的光，也就是说可使量子点太阳电池吸收从长波长（红色）到短波长（紫色）的全部太阳光。

目前，量子点太阳电池按使用的材料划分，一般有由镉 Cd-硫磺 S 构成的 CdS 太阳电池，铟 In-镓 Ga-砷 As 构成的 InGaAs 太阳电池以及由硅 Si 构成的 Si 太阳电池等种类。如果按结构来分可分为量子点积层型、中间带宽型以及 MEG 型等太阳电池，目前，科学家们正着力研发这三种太阳电池，虽然量子点太阳电池还处在基础研究阶段，但预计 2015 年开始使用，2050 年将进入普及阶段。

3.4　太阳电池的特性

太阳电池的特性一般包括太阳电池的输入输出特性、分光特性、照度特性以及温度特性。

3.4.1　太阳电池的输入输出特性

太阳电池的种类较多，大小不一。太阳电池到底有多大的能力能将太阳的光能转换成电能，从以下的特性可以得知。

图3.45为太阳电池的输入输出特性，也称为太阳电池的伏安特性（*I-V* 特性）。图中的实线为太阳电池被光照射时的伏安特性，虚线为太阳电池未被光照射时的伏安特性。

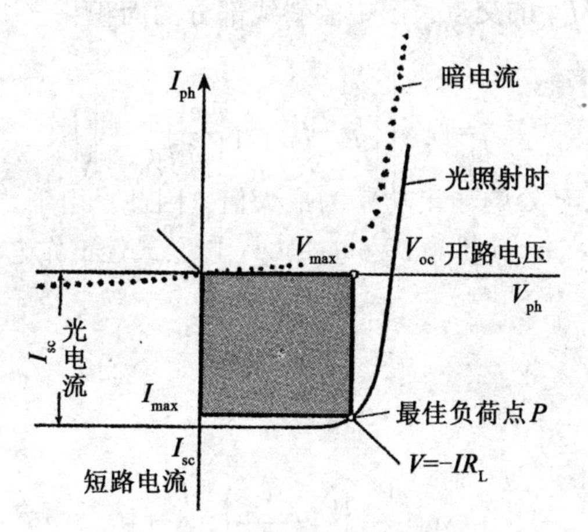

图3.45　太阳电池的伏安特性

无光照射时的暗电流（Dark Current）相当于PN接合的扩散电流，其伏安特性可用下式表示：

$$I=I_0\left[\exp\left(\frac{eV}{nkT}\right)-1\right] \tag{3.1}$$

式中：

I_0——逆饱和电流的作用，由PN结两端的少数载流子和扩散常量决定的常数；

V——光照射时的太阳电池的端电压；

n——二极管因子；

k——波耳兹曼常数；

T——温度℃。

PN结被光照射时，所产生的载流子的运动方向与（3.1）式中的电流方向相反，用J_{sc}表示。光照射时的太阳电池电压V与光电流密度I_{ph}的关系如下：

$$I_{ph}=I_0\left[\exp\left(\frac{eV}{nkT}\right)-1\right]-J_{sc} \tag{3.2}$$

式中：J_{sc}与被照射的光的强度有关，相当于太阳电池两端短路时的电流，称为短路光电流密度（Short Circuit Current Density）。

由（3.2）式可知，当太阳电池开路状态时，将会产生与光电流的大小对应的电压。即开路电压，用V_{oc}表示。太阳电池两端开路时，$I_{ph}=0$，V_{oc}可用下式表示：

$$V_{oc}=\frac{nkT}{e}\ln\left[\frac{J_{sc}}{I_0}+1\right] \tag{3.3}$$

当太阳电池接上最佳负载电阻时，其最佳负荷点P为电压电流特性上的最大电压V_{max}与最大电流I_{max}的交点，图中的斜线部分的面积相当太阳电池的输出功率P_{out}，其式如下：

$$P_{out}=VI=V\left[J_{sc}-I_0\left[\exp\left(\frac{eV}{nkT}\right)-1\right]\right] \tag{3.4}$$

由于最佳负荷点P处的输出功率为最大值，因此，由下式即可得到太阳电池的最佳工作电压（Maximum Power Voltage）V_{op}以及最佳工作电流（Maximum Power Current）I_{op}：

$$\frac{dP_{out}}{dV}=0 \tag{3.5}$$

最佳工作电压V_{op}为

$$\exp\left(\frac{eV_{op}}{nkT}\right)\left(1+\frac{eV_{op}}{nkT}\right)=\frac{J_{sc}}{I_0}+1 \tag{3.6}$$

最佳工作电流I_{op}为

$$I_{op}=\frac{(J_{sc}+I_0)\ eV_{op}/(nkT)}{1+eV_{op}/(nkT)} \tag{3.7}$$

当光照射在太阳电池上时，太阳电池的电压与电流的关系可以简单地用图3.46所示的特性来表示。如果用I表示电流，用V表示电压，也可称为I-V曲线或伏安特性。

图3.46中：V_{oc}为开路电压，I_{sc}为短路电流，V_{op}为最佳工作电压，I_{op}为最佳工作电流。

如前所述，图中的最佳工作点对应太阳电池的最大功率（Maximum Power）P_{max}，其最大值由最佳工作电压V_{op}与最佳工作电流I_{op}的乘积得到。实际上，太阳电池的动作受负载条件、日照条件的影响，工作点会偏离最佳工作点。

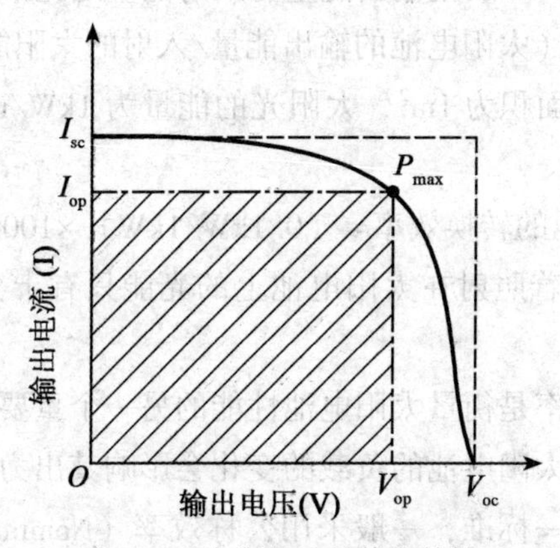

图3.46 太阳电池的伏安特性

1. 开路电压 V_{oc}

图中横坐标上所示的电压 V_{oc} 称为开路电压（Open Circuit Voltage），即太阳电池的正极（+）、负极（-）之间未被连接的状态，即开路时的电压。单位用 V（伏特）表示。太阳电池芯片的开路电压一般为 0.5~0.8V。用串联的方式可以获得较高的电压。

2. 短路电流 I_{sc}

太阳电池的正极（+）、负极（-）之间用导线连接，正负极之间短路状态时的电流。用 I_{sc} 表示，单位为 A（安培）。短路电流（Short Circuit Current）值随光的强度变化而变化。

另外，太阳电池单位面积的电流称为短路电流密度，其单位是 A/m^2 或者 mA/cm^2。

3. 填充因子 FF

填充因子（Fill Factor，FF）为图中的斜线部分的长方形面积（$P_{max}=V_{op}\times I_{op}$）与虚线部分的长方形面积（$V_{oc}\times I_{sc}$）之比：

$$FF=\frac{V_{op}I_{op}}{V_{oc}I_{sc}} \tag{3.8}$$

填充因子是一个无单位的量，是衡量太阳电池性能的一个重要指标。填充因子为 1 时被视为理想的太阳电池特性。一般地，填充因子的值小于 1.0，在 0.5~0.8 之间。

4. 太阳电池的转换效率

太阳电池的转换效率（Conversion Efficiency）用来表示照射在太阳电池上的光

能量转换成电能的大小。一般用输出能量与入射能量之比来表示，即

转换效率 η =（太阳电池的输出能量/入射的太阳能量）×100%

例如，太阳电池的面积为 $1m^2$，太阳光的能量为 $1kW/m^2$，如果太阳电池的发电出力为 0. 1kW，则

太阳电池的转换效率 =（0. 1kW/1kW）×100% = 10%

转换效率 10%意味着照射在太阳电池上的光能只有十分之一的能量被转换成电能。

太阳电池的转换效率是衡量太阳电池性能的另一个重要指标。但是，对于同一块太阳电池来说，由于太阳电池的负载的变化会影响其出力，导致太阳电池的转换效率发生变化。为了统一标准，一般采用公称效率（Nominal Efficiency）来表示太阳电池的转换效率。即对在地面上使用的太阳电池，太阳电池芯片的温度为 25℃，太阳辐射的通过空气量为 1. 5 时、入射光能 $1kW/m^2$ 与负载条件变化时的最大电气输出的比的百分数来表示。厂家的产品说明书中的太阳电池转换效率就是根据上述测量条件得出的转换效率。

为什么太阳电池的入射光的能量不能高效地转换成电能呢？主要是由于以下的原因：

（1）比硅的禁带（能量带）小的红外线，波长 0. 78μm 以上的波长的光通过太阳电池时会产生损失，虽然太阳电池的种类不同，通过的光的波长不同，但穿过太阳电池所产生的损失的比例一般为 15%～25%；

（2）比硅可吸收的能带大，在能量较大的短波长光的表面，由于光的散乱、反射而产生损失，这部分的损失为 30%～45%；

由于 PN 结的内部存在电场，电子、空穴载流子流出时会产生损失，这部分的损失为 15%左右。

除了以上的理论上的损失导致太阳电池的转换效率下降之外，由于电流的流动所产生的焦耳损失，光电效应导致的电子、空穴再接合时所产生的再接合损失的存在，太阳电池的转换效率一般在 14%～20%。

3. 4. 2 太阳电池的光谱响应特性

对于太阳电池来说，不同的光照所产生的电能是不同的。例如，红色的光所产生的电能与蓝色的光所产生的电能是不一样的。一般用光的颜色（波长）与所转换电能（光电流）的关系，即用光谱响应（Spectral Sensitivity）特性来表示。

太阳电池的光谱响应特性如图 3. 47 所示。由图可见，不同的太阳电池对于光

的感度是不一样的，在使用太阳电池时特别重要。图 3.48 所示为荧光灯的放射频谱与 AM1.5 的太阳光频谱，荧光灯的放射频谱与非晶硅太阳电池的光谱响应特性非常一致。由于非晶硅太阳电池在荧光灯下具有优良的特性，因此在荧光灯下（室内）使用非晶硅太阳电池较为合适。

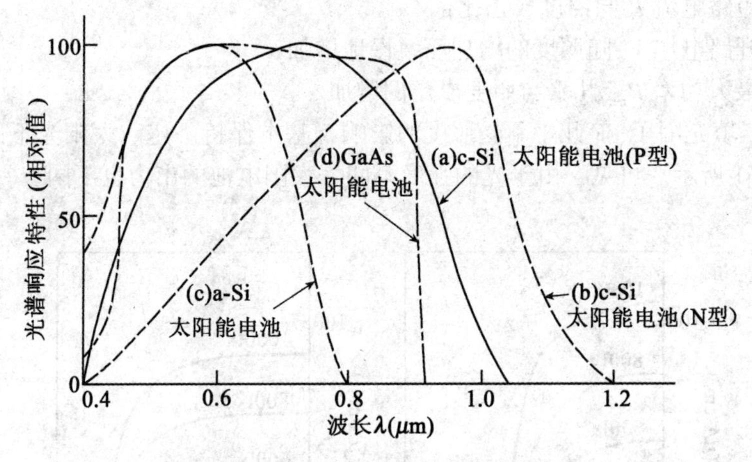

图 3.47　各种太阳电池的光谱响应特性

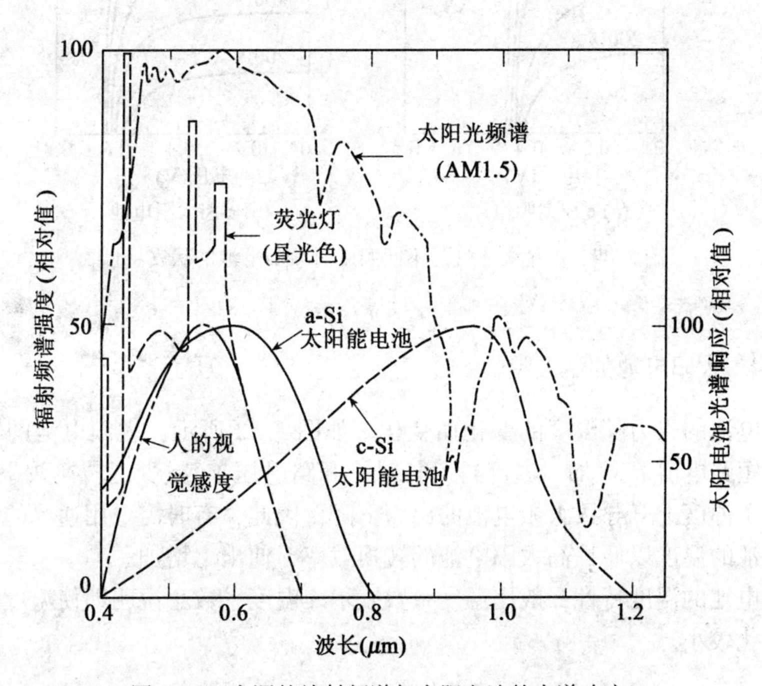

图 3.48　光源的放射频谱与太阳电池的光谱响应

3.4.3 太阳电池的照度特性

太阳电池的出力随照度（光的强度）而变化。图 3.49 为荧光灯的照度时，单晶硅太阳电池以及非晶硅太阳电池的伏安特性。V_{oc}（开路电压）、I_{sc}（短路电流）以及 P_{max}（最大功率）的照度特性如图 3.50 所示。由图可知：

（1）短路电流 I_{sc}与照度成正比；

（2）开路电压 V_{oc}随照度的增加而缓慢地增加；

（3）最大功率 P_{max}几乎与照度成比例增加。

另外，填充因子 FF 几乎不受照度的影响，基本保持一定。太阳光下的照度特性如图 3.51 所示。可见，由于光的强度不同，太阳电池的出力也不同。

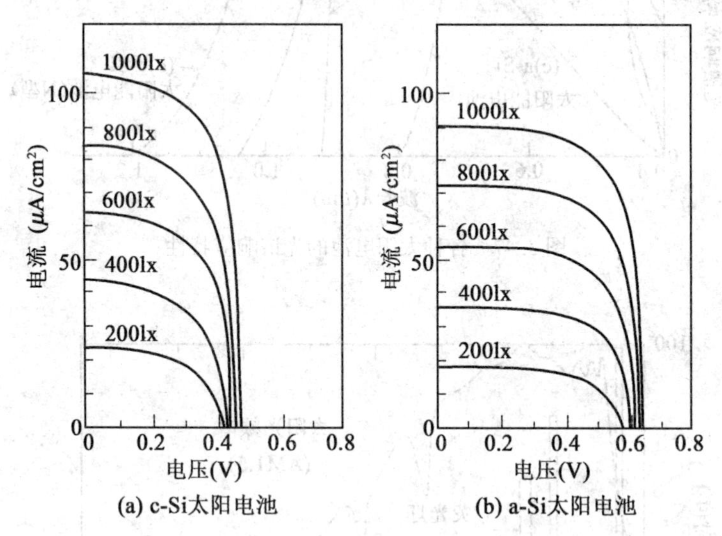

图 3.49 白色荧光灯的不同照度时太阳电池的伏安特性

3.4.4 太阳电池的温度特性

太阳电池的出力随温度的变化而变化。如图 3.52 所示，太阳电池的特性随温度的上升短路电流 I_{sc}增加，温度再上长时，开路电压 V_{oc}减少，转换效率（出力）变小。由于温度上升导致太阳电池的出力下降，因此，有时需要用通风的方法来降低太阳电池的温度以便提高太阳电池的转换效率，使出力增加。

太阳电池的温度特性一般用温度系数表示。温度系数小说明即使温度较高，但出力的变化较小。

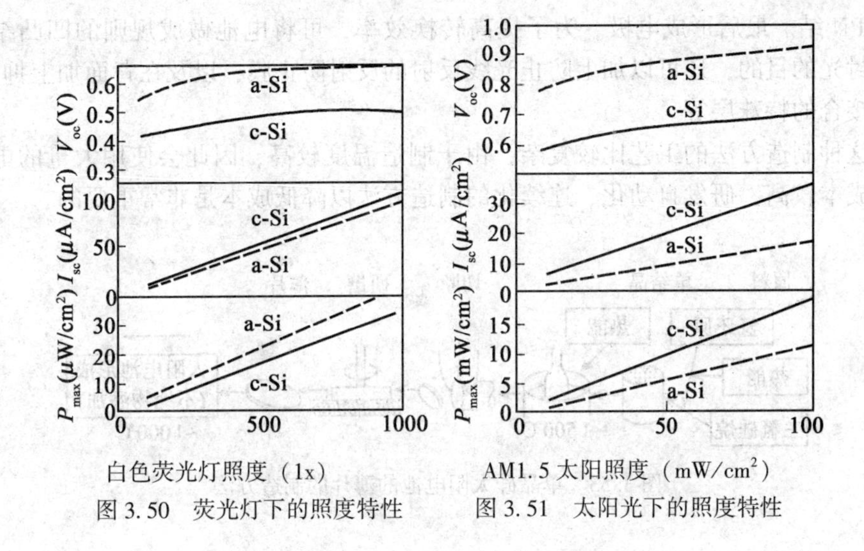

图 3.50 荧光灯下的照度特性　　图 3.51 太阳光下的照度特性

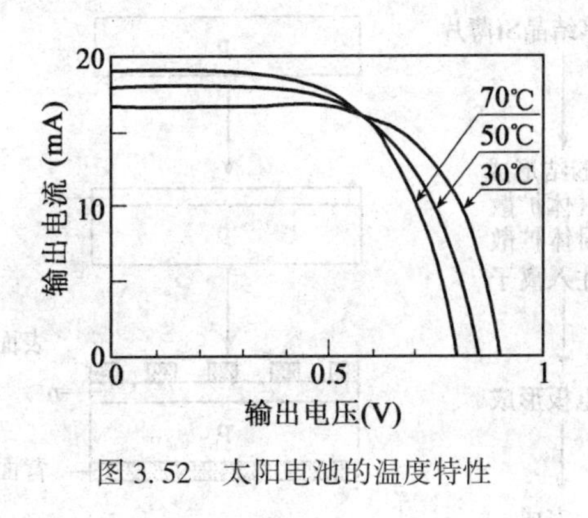

图 3.52 太阳电池的温度特性

3.5 太阳电池的制造方法

太阳电池的种类很多，如单晶硅、多晶硅、非晶硅太阳电池等。根据种类的不同其制造方法也不同。这里主要介绍单晶硅、多晶硅、非晶硅、化合物半导体太阳电池以及有机薄膜太阳电池的制造方法。

3.5.1 单晶硅太阳电池的制造方法

单晶硅太阳电池的制造方法如图 3.53、制造流程如图 3.54 所示。先将高纯度的硅加热至 1 500℃，生成大型结晶（原子按一定规则排列的物质），即单晶硅。然后将其切成厚 300~500μm 的薄片，利用气体扩散法或固体扩散法添加不纯物并形成PN结。最后形成电极。为了提高转换效率，可将电池做成规则的凹凸结构，达到封光的目的，还可以加上防止光线反射的反射防止膜，以及在背面加上抑制电子再接合的特殊层等。

这种制造方法的工艺比较复杂，由于制造温度较高，因此会使用大量的电能，导致成本较高，研发自动化、连续化的制造方法以降低成本是非常重要的。

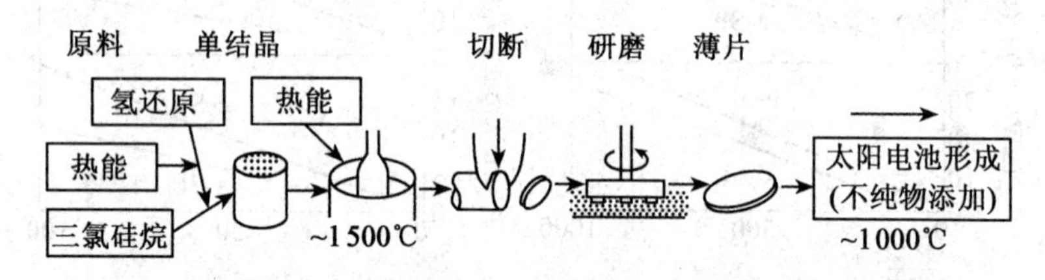

图3.53 单晶硅太阳电池的薄片的制造方法

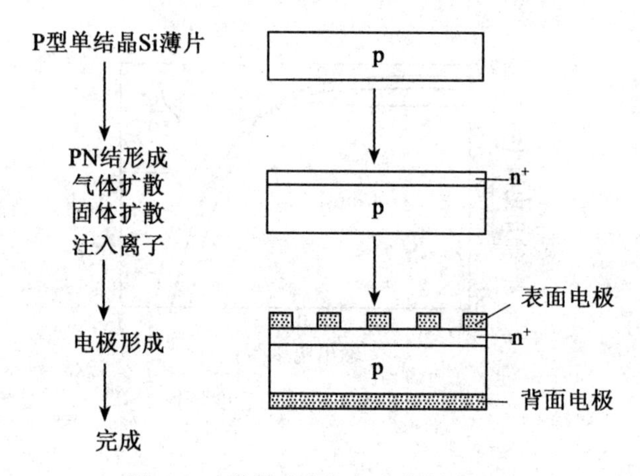

图3.54 单晶硅太阳电池的制造流程

3.5.2 多晶硅太阳电池的制造方法

为了解决单晶硅太阳电池制造工艺复杂、制造能耗较大的问题，人们研发了多晶硅太阳电池的制造方法。多晶硅是一种将众多的单晶硅的粒子集合而成的物质。多晶硅太阳电池的制造方法有两种，如图3.55所示：

一种方法是将被熔化的硅块放入坩埚中慢慢地冷却使其固化的方法。然后与单晶硅一样将其切成厚300~500μm的薄片，添加不纯物并形成PN结、电极以及反射防止膜。

另一种方法是从硅溶液直接得到薄片状多晶硅的方法。这种方法不仅可以直接做成薄片状多晶硅，有效利用硅原料，而且太阳电池的制造比较简单。

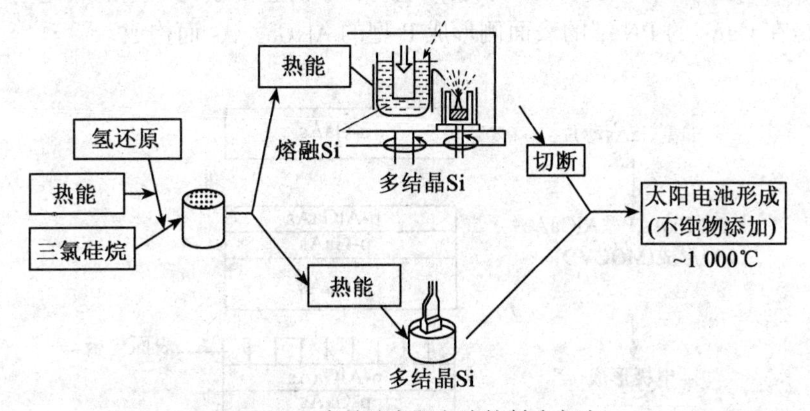

图 3.55　多晶硅太阳电池的制造方法

3.5.3　非晶硅太阳电池的制造方法

非晶硅太阳电池的制造方法如图 3.56 所示。将含有硅的原料气体（如 SiH_4）放入真空反应室中，利用放电所产生的高能量使原料气体分解而得到硅，然后将硅堆积在已被加温至 200~300℃的带有电极的玻璃或不锈钢的衬底上。如果原料气体中混入 B_2H_6 则得到 P 型非晶硅，如果原料气体中混入 PH_3，则得到 N 型非晶硅，然后形成 PN 结。

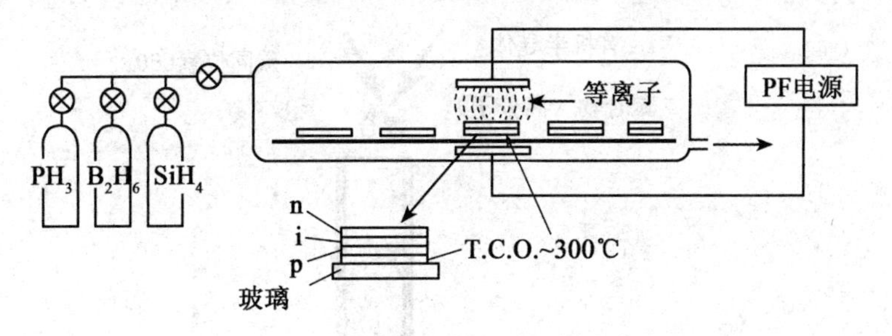

图 3.56　非晶硅太阳电池的制造方法

3.5.4　化合物半导体太阳电池的制造方法

化合物半导体是使用两种以上元素的化合物构成的半导体。如 GaAs 太阳电池就是一种化合物半导体太阳电池。由于这种化合物半导体太阳电池的波长感度与太阳频谱一致，因此具有较高的转换效率。

图 3.57 所示为化合物半导体太阳电池 GaAs 的构造和制造方法。在太阳能电池的光入射面设置 AlGaAs 层以便形成表面电场，以防止由于光产生的载流子再接合。其构造是在 GaAs 的 PN 结的表面侧形成 P 型的 $AlxGa_{1-x}As$ 而构成。

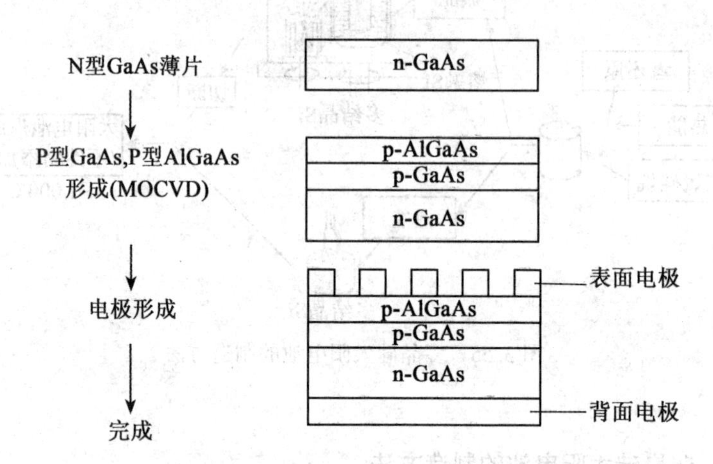

图 3.57 化合物半导体太阳电池 GaAs 的构造与制造方法

3.5.5 有机薄膜太阳电池的制造方法

有机薄膜太阳电池是一种在光吸收层使用有机化合物的电池。和其他太阳电池一样由 P 型和 N 型半导体构成。如图 3.58 所示，在有机薄膜太阳电池中，P 型半

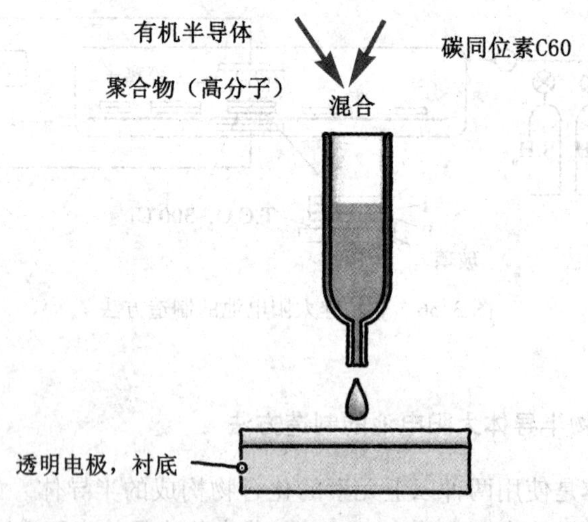

图 3.58 有机薄膜太阳电池的制造方法

导体使用具有导电功能的有机导电性（高分子）聚合物材料，N 型半导体采用碳同位素 C_{60} 等材料，将有机半导体聚合物与碳同位素 C_{60} 进行混合熔化，然后将混合物涂在衬底上并使其干燥，最后在铝电极上形成薄膜便完成有机薄膜太阳电池的制造。由于有机薄膜太阳电池的制造方法比较简单，制造成本较低，材料费也较低，所以应用前景非常好。

第4章　太阳电池组件

本章介绍太阳电池芯片、一般的太阳电池组件、建材一体型太阳电池组件、新型太阳电池组件、采光型太阳电池组件、透光型太阳电池组件、两面发电型太阳电池组件的结构和特点。最后介绍这些组件在太阳能光伏系统中的应用。

4.1　太阳电池芯片、组件

太阳电池芯片（Solar Cell）是太阳电池的最小单元，它由10cm角（12.5cm角或15cm角）等大小的硅等半导体结晶的薄片构成。一枚太阳电池芯片的出力电压约0.5V，太阳电池实际使用时，电压需满足少则十几伏多则几百伏的要求，需要将大量的电池芯片连接起来，这样极为不便。另外，由于太阳电池在户外使用存在如温度、湿度、盐分、强风以及冰雹等环境因素的影响，因此必须保护太阳电池芯片，使太阳电池长期发挥其发电功能。

为了解决太阳电池芯片在使用中的问题，一般将几十枚太阳电池芯片串、并联连接，然后封装在耐气候的箱中构成，称之为太阳电池组件（Solar Module）。太阳电池组件的构造方法多种多样，一般要考虑以下的问题：

（1）为了防止太阳电池的通电部分被腐蚀，保证其稳定性和可靠性，必须使太阳电池具有较好的耐气候特性；

（2）为了防止由于漏电引起事故，必须消除其对外围设备以及人体的不良影响；

（3）防止由于强风、冰雹等气象因素对组件造成的损伤；

（4）除了应避免太阳电池在搬运、安装过程中的损伤之外，还必须使电气配线比较容易；

（5）使太阳电池更加美观；

（6）增加保护功能，以防止由于组件的损伤、破损等引起的系统的电气故障。

4.2　太阳电池组件及其构造

如上所述，太阳电池组件是将几十枚太阳电池芯片串、并联连接，然后封装在耐气候的箱中而构成的。太阳电池组件的构造多种多样：结晶系的太阳电池组件一般有背面衬底型组件（Substrate），表面衬底型组件（Superstrate）以及填充型组件等构造；薄膜系太阳电池组件有衬底一体表面衬底型组件以及柔软型的组件等。

背面衬底型组件与表面衬底型组件的不同之处在于支撑组件的结构层是不是光的入射侧，如果支撑组件的结构层不是光的入射侧，则称为背面衬底型组件，反之则称为表面衬底型组件。目前，太阳能发电系统主要使用带有白色玻璃的表面衬底型的结晶系太阳电池组件。

4.2.1　背面衬底型组件

背面衬底型组件是将太阳电池芯片配置在由玻璃等材料构成的背面衬底上，表面用透光性树脂封装而成，称为背面衬底型组件，如图 4.1 所示。背面衬底作为组件的支撑板，一般采用 FRP（Fiber Refined Plastic）等有机材料或不锈钢板等金属薄板，也可采用玻璃等材料。

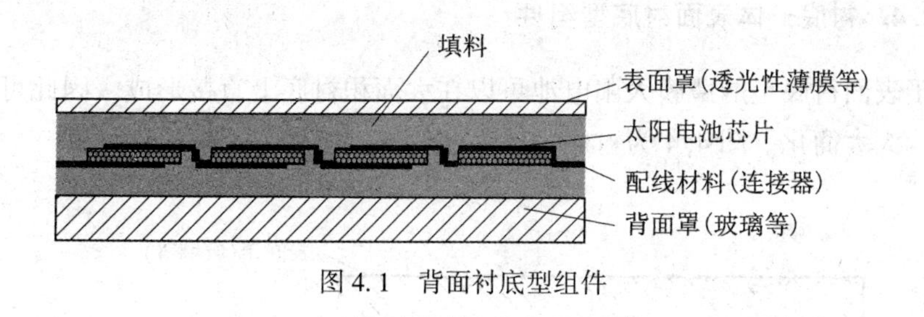

图 4.1　背面衬底型组件

4.2.2　表面衬底型组件

图 4.2 为在玻璃等材料的透光性衬底上配置好太阳电池芯片，然后在其背面封装而成的表面衬底型组件的构造。由于考虑到组件的耐气候性等因素，一般采用将玻璃衬底侧面向光的入射侧（采光面侧）的结构，并将表面衬底作为组件的支撑。近年来表面衬底型组件的应用占主导地位，它被广泛用于结晶系太阳电池发电系统。

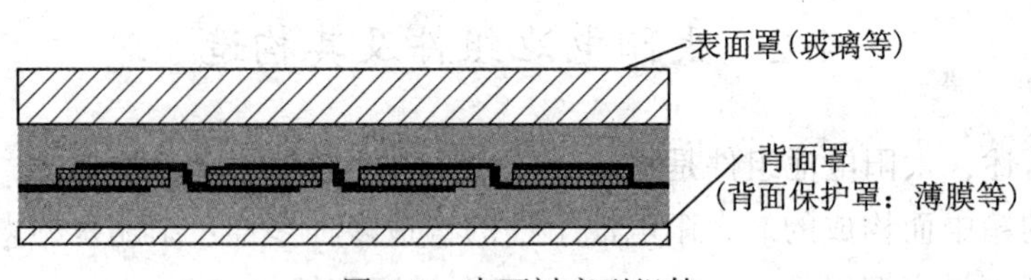

图 4.2　表面衬底型组件

4.2.3　填充型组件

填充型的太阳电池组件的构造如图 4.3 所示。它的光的入射侧、背面侧均为太阳电池的结构层，均为太阳电池的支撑板。

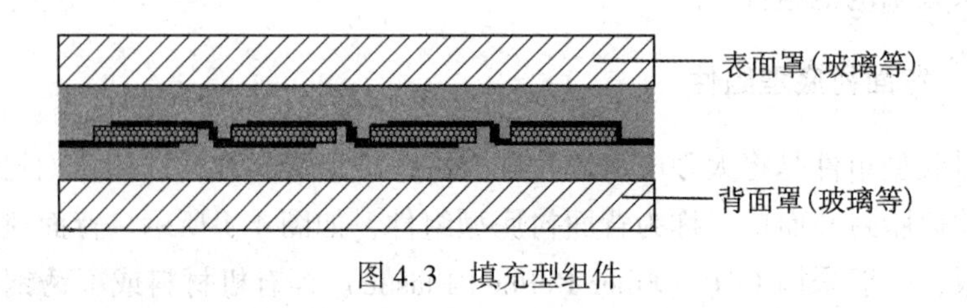

图 4.3　填充型组件

4.2.4　衬底一体表面衬底型组件

由于表面衬底型的薄膜太阳电池可以在大面积衬底上直接形成，因此可以使组件的结构大大简化。图 4.4 为衬底一体表面衬底型组件。

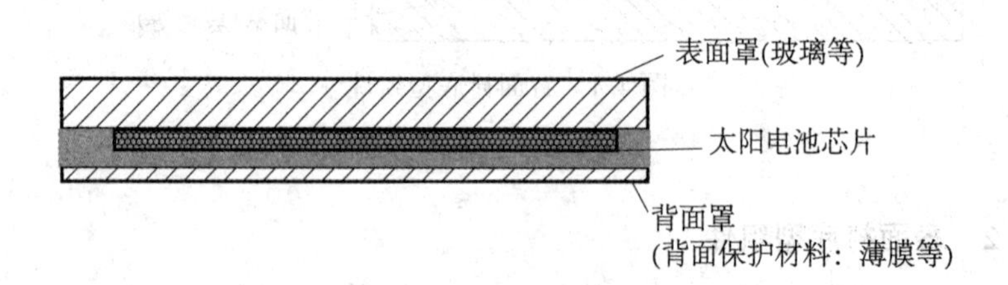

图 4.4　衬底一体表面衬底型组件

常见的太阳电池组件的构造如图 4.5 所示，它由太阳电池芯片、表面罩、背面罩、填充材料以及框架组成。即用具有良好的耐气候填充材料将封装好的太阳电池芯片安放在表面罩与背面罩之间构成。为了提高周围的密封性能，与框架相连的部分一般使用硅等密封性能较好的材料将太阳电池密封。用于组件间的电气连接的接线盒安装在背面中央部位。

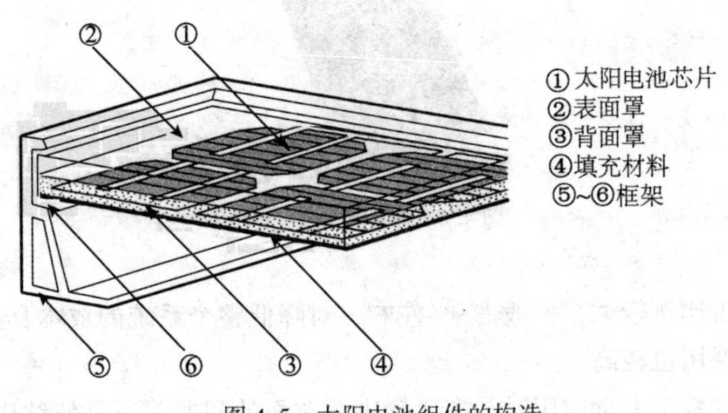

图 4.5　太阳电池组件的构造

4.3　太阳电池组件的种类

太阳电池组件按用途可分成以下几种，即常用型直流出力太阳电池组件、建材一体型太阳电池组件、采光型太阳电池组件以及新型太阳电池组件等。

建材一体型太阳电池组件可分成建材屋顶一体型组件、建材幕墙一体型组件以及柔软型太阳电池组件；采光型太阳电池组件包括由结晶系太阳电池构成的采光型太阳电池组件以及由薄膜太阳电池构成的透明型太阳电池组件。关于新型太阳电池组件，这里主要介绍交流出力太阳电池组件、蓄电功能内藏的太阳电池组件、带有融雪功能的太阳电池组件以及两面发电 HIT 太阳电池组件等。

4.3.1　一般常用型直流出力太阳电池组件

一般常用型直流出力太阳电池组件如图 4.6 所示。目前应用较广、主要用于分散系统、光伏电站等。组件的尺寸因厂家而异，有 1m×1m 角长的，也有 1m×0.5m 角长的。一枚太阳电池组件的输出电压因厂家、形式而异，一般为 17~40V。输出功率为 50~100W，最近也有超过 250W 以上的太阳电池组件问世。

4.3.2　建材一体型太阳电池组件

通常，在建筑物上安装太阳电池时，先在屋顶上设置专用支架，然后，在其上安装太阳电池，这样会使建筑物的外观受到影响。另外，专用支架在太阳能光伏系

图 4.6　太阳电池组件

统的成本中所占比例较大，一般占 9%左右，对降低整个系统的成本具有一定的影响，而且安装费用也较高。

太阳能光伏系统大量应用时，需要解决两方面的问题：一是使结构更加合理，二是使太阳电池组件的成本降低，以降低用户的费用。解决方法之一是使用具有太阳电池与建筑材料双重功能的建材一体型太阳电池组件，这种太阳电池组件是将建筑材料与太阳电池融为一体，使结构更加合理。另外，建材一体型太阳电池组件可以作为建筑施工的一部分，可以在新建的建筑物或改装建筑物的过程中一次安装完成，可以同时完成建筑施工与太阳电池的安装施工，大大降低安装费用、施工费用，降低系统的价格。

4.3.2.1　建材一体型太阳电池组件的断面

建材一体型太阳电池组件（Building Integrated Photovoltaics，BIPV）的断面构造如图 4.7 所示。在组件的背面由屋顶用钢板，表面由氟树脂胶片构成，然后与加固材料、绝缘材料等一起用黏结剂封装而成。

这种组件与玻璃型的组件相比不易破损，适用于拱形建筑物的太阳能光伏系统，具有用途广、适用性强等优点。

4.3.2.2　建材一体型太阳电池组件的种类

与建筑材料一体构成的新型太阳电池组件可分成以下几种，即建材屋顶一体型组件，建材幕墙一体型组件以及柔软型组件。其中，建材屋顶一体型组件主要用于屋顶住宅用太阳能光伏系统，建材幕墙一体型组件主要用于大楼、建筑物等，柔软型太阳电池组件则主要应用于窗户玻璃、曲面建筑物等。

然而，建材一体型太阳电池组件除了要满足电气性能之外，还必须满足建筑材料所要求的以下的各种性能：①强度、耐久性：太阳电池组件必须满足防水性的要求，如漏雨、漏水等，以及台风、地震时的机械强度的要求；②防火、耐火性：特别是太阳电池瓦与屋顶材料构成的太阳电池组件必须满足防火、耐火的要求；③美

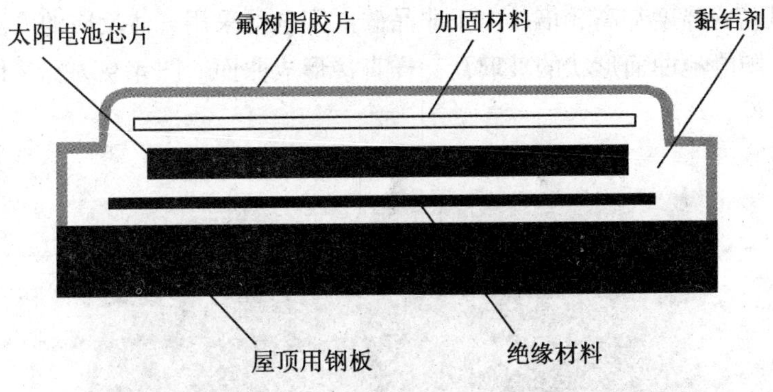

图 4.7　建材一体太阳电池组件的断面构造图

观、外观性：屋顶会影响街道、地区的美观性，因此，对所安装的太阳电池的色彩、形状以及大小有一定的要求。

1. 建材屋顶一体型太阳电池组件

建材屋顶一体型太阳电池组件是指在屋顶的表面将太阳电池组件、屋顶的基础部分以及屋顶材料等组合成一体所构成的屋顶层。建材屋顶一体型太阳电池组件按太阳电池在建筑物上的安装方式，可以分成可拆卸式、屋顶面板式以及隔热式等。在建材屋顶一体型太阳电池组件中，除了使用常用的太阳电池组件外，还可以使用 HIT 太阳电池。

(1) 瓦一体型太阳电池组件。

如图 4.8 所示为太阳电池瓦的外观，它由曲面形状玻璃瓦与非晶硅太阳电池构

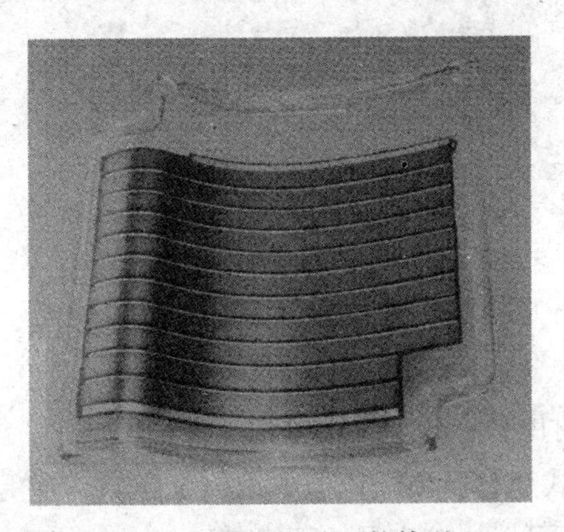

图 4.8　太阳电池瓦的外观

成，出力约3W。由于非晶硅太阳电池的厚度非常薄，因此与传统的瓦相比重量基本相同，但瓦的强度却高3倍。由于非晶硅太阳电池采用气体反应的方法形成，所以可以像太阳电池曲面形状的玻璃瓦一样直接形成曲面。图4.9为瓦一体型非晶硅太阳电池组件。

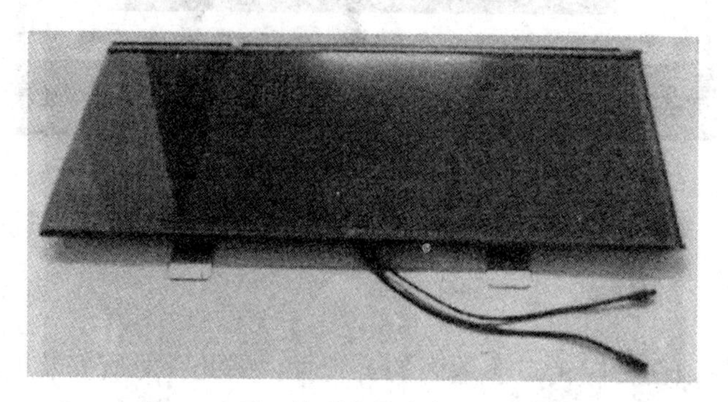

图4.9 瓦一体型非晶硅太阳电池组件

如图4.10所示为瓦一体型太阳电池组件的外观，其特点是无框架设置施工，组件采用了不易燃烧的材料，可以代替传统的瓦使用。

图4.10 瓦一体型太阳电池组件的外观

（2）可拆卸式建材屋顶一体型太阳电池组件。

图4.11为可拆卸式建材屋顶一体型太阳电池组件，它是在一块平板瓦上制成的。背面为金属结构，可以比较容易地更换各组件，其特征是组件更换容易、具有耐火特性等。

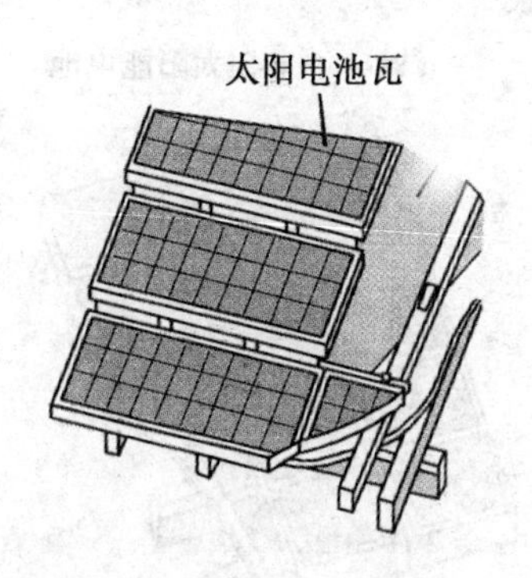

图 4.11 可拆卸式建材屋顶一体型太阳电池组件

(3) 屋顶面板式建材屋顶一体型太阳电池组件。

图 4.12 为屋顶面板式建材屋顶一体型太阳电池组件。太阳电池瓦与屋顶构件组合，在工厂组装成板式结构。这种组件安装简便，重量轻，成本低，管理方便。

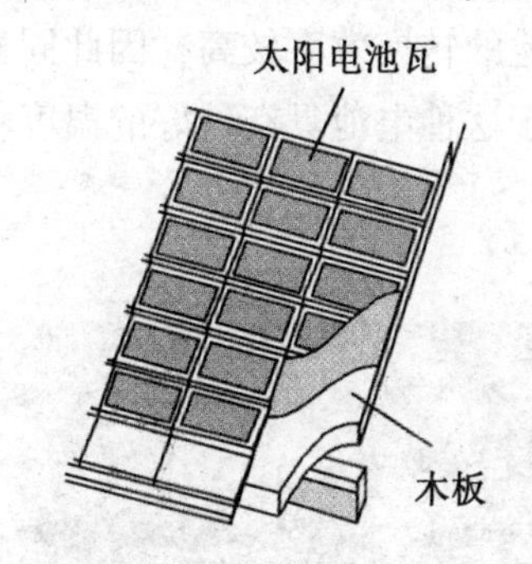

图 4.12 屋顶面板式建材屋顶一体型太阳电池组件

(4) 隔热式建材屋顶一体型太阳电池组件。

图 4.13 为隔热式建材屋顶一体型太阳电池组件。它使用大型非晶硅（a-Si）太阳电池、屋顶构件、隔热材料等组成玻璃板，不但可以提高施工的便利性，而且可以使温度上升以恢复非晶硅太阳电池的初期特性。太阳电池瓦与屋顶构件在工厂组装，现场安装简便，质量管理方便。

(5) 使用 HIT 太阳电池的建材屋顶一体型太阳电池组件。

图 4.14 为由使用积层太阳电池（HIT）构成的建材屋顶一体型太阳电池组件，其特点如下：

- 太阳电池设置的部分可以省去屋顶瓦，因此可降低成本，可以与瓦同时设置，与传统的框架设置方法相比可节约 50%的工时；

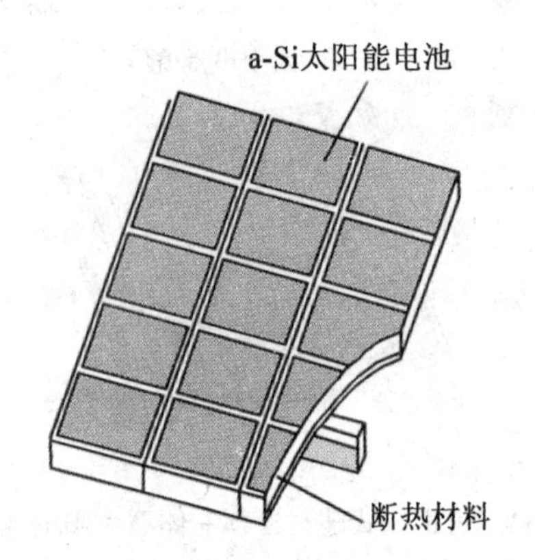

图 4.13　隔热式建材屋顶一体型太阳电池组件

- 可省去太阳电池下面铺设的屋顶材料，可减轻屋顶的重量；
- 与平板瓦一样可以最大限度地利用屋顶的面积，外观也很美观。

另外，由于积层太阳电池的转换效率较高，因此同样的设置面积可以得到较大的发电出力。除此之外，由于这种电池具有较好的温度特性，可以抑制夏季高温时太阳电池的出力下降。

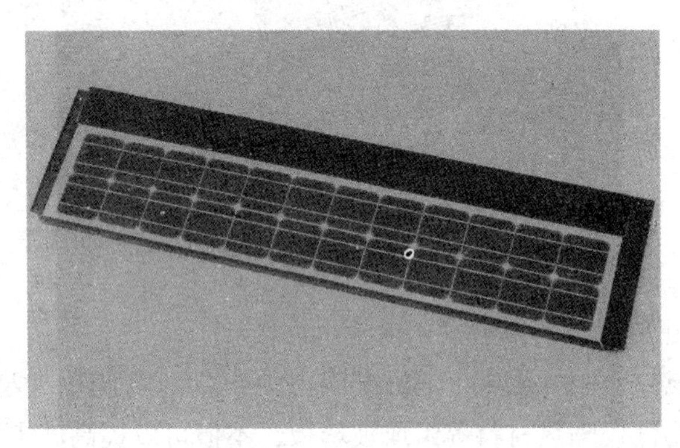
图 4.14　积层太阳电池构成的建材一体型太阳电池组件

2. 建材幕墙一体型太阳电池组件

建材幕墙一体型太阳电池组件适用于高层建筑物，作为壁材、窗材使用。建材幕墙一体型太阳电池组件可分为：玻璃壁式建材幕墙一体型太阳电池组件、金属壁式建材幕墙一体型太阳电池组件等。

（1）玻璃壁式建材幕墙一体型太阳电池组件。

如图4.15所示的玻璃壁式建材幕墙一体型太阳电池组件是将玻璃与太阳电池组合而成，即由表面玻璃、太阳电池芯片以及背面材料构成。用来代替建筑物的玻璃，构成各种各样的彩色壁面，以满足不同用户的需要。

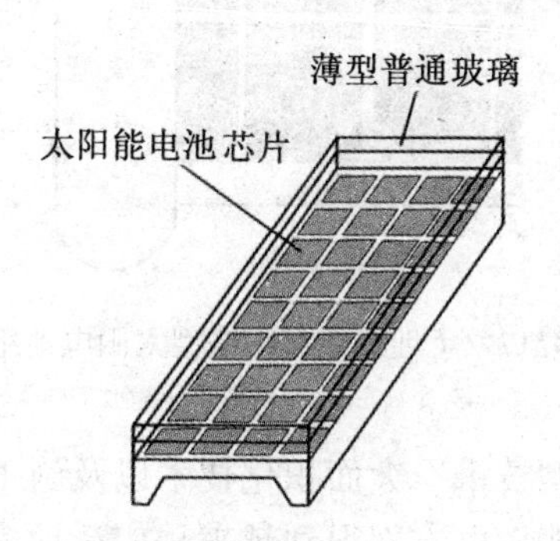

图4.15　玻璃壁式建材幕墙一体型太阳电池组件

（2）金属壁式建材幕墙一体型太阳电池组件。

图4.16为金属壁式建材幕墙一体型太阳电池组件，它将太阳电池装在铝材上构成太阳电池组件，太阳电池组件背面的铝制散热片用来散热，以提高太阳电池的转换效率。另外，可以方便地调整组件的倾角以及各组件间的间隙，以增加发电量。

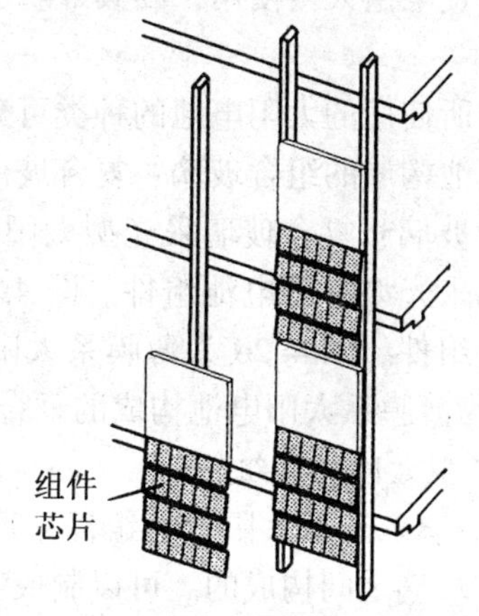

图4.16　金属壁式建材幕墙一体型太阳电池组件

3. 柔性式建材一体型太阳电池组件

图4.17为柔性式建材一体型太阳电池组件，这种太阳电池组件可以满足各种不同的用途。将非晶硅太阳电池做成胶片状以及多种尺寸规格，施工时可以根据屋顶的形态选择太阳电池的大小。

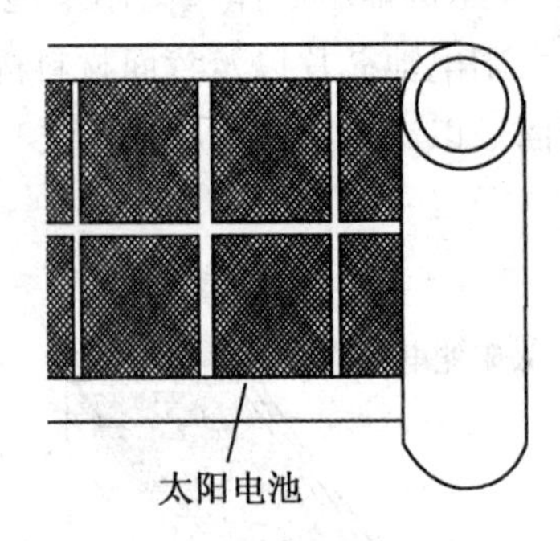

图 4.17　柔性式建材一体型太阳电池组件

今后，随着建材一体型技术、大面积化技术以及施工方法的进步，建材一体型太阳电池组件将会在太阳能发电方面得到越来越广泛地应用。

4.3.3　采光型太阳电池组件

太阳能发电一般从政府机关大楼、学校等公共设施向企业、民间设施普及。采光型太阳电池组件是为了适应政府机关、企业、工厂、公共设施等大楼的玻璃窗帘等美观的需要而设计的。因此，采光型太阳电池组件可以用于企业的办公楼、工厂、公共设施等大楼，可以发电供大楼使用，因其外观漂亮又可以与环境协调，可达到美化环境的效果。

采光型太阳电池组件按所使用的太阳电池的种类可分成多种形式，这里主要介绍 4 种，即由结晶系太阳电池构成的组合玻璃、复合玻璃采光型太阳电池组件，由薄膜系太阳电池构成的组合玻璃、复合玻璃采光型太阳电池组件。图 4.18 为结晶系太阳电池构成的组合玻璃采光型太阳电池组件。图 4.19 为结晶系太阳电池构成的复合玻璃采光型太阳电池组件。图 4.20 为薄膜系太阳电池构成的组合玻璃透光型太阳电池组件。图 4.21 为薄膜系太阳电池构成的复合玻璃透光型太阳电池组件。

1. 结晶系组合玻璃采光型太阳电池组件

图 4.18 为结晶系组合玻璃采光型太阳电池组件。这种采光型太阳电池组件是将结晶系太阳电池芯片夹在玻璃之间构成的。可以制成大型的太阳电池组件，系统设计时有较大的灵活性，可用于大楼的壁面、窗户以及房顶等处，使大楼的外观更加美观。

2. 结晶系复合玻璃采光型太阳电池组件

图 4.19 为结晶系复合玻璃采光型太阳电池组件。除了具有组合玻璃采光太阳电池组件的特长外，由于这种采光太阳电池组件是与带有网丝的玻璃复合构成，因此它还具有较好的防火、隔热性能，适用于大楼的窗玻璃、天窗等。

图4.18 结晶系组合玻璃采光太阳电池组件

图4.19 结晶系复合玻璃采光型太阳电池组件

3. 薄膜系组合玻璃透光型太阳电池组件

如图4.20所示，薄膜系组合玻璃透光型太阳电池组件是将薄膜透明太阳电池夹在两块玻璃之间构成。它可以作为窗玻璃使用，使房间适度采光。

4. 薄膜系复合玻璃透光型太阳电池组件

薄膜系复合玻璃透光型太阳电池组件如图4.21所示。它除了具有组合玻璃采光型太阳电池组件的特长之外，还是一种防火性能较好的薄膜透光型太阳电池组件。

图4.20 薄膜系组合玻璃透光型太阳电池组件

图4.21 薄膜系复合玻璃透光型太阳电池组件

4.3.4 新型太阳电池组件

新型太阳电池组件有许多种类，这里主要介绍交流出力太阳电池组件、蓄电功能内藏太阳电池组件、带有融雪功能的太阳电池组件以及两面发电HIT太阳电池组件等。

1. 交流出力太阳电池组件（AC 太阳电池组件）

通常，在太阳能光伏系统中，太阳电池方阵的直流输出与逆变器相连，并通过此逆变器将直流变成交流。但近年来出现了 AC 太阳电池组件 MIC（Module Integrated Converter）。AC 太阳电池组件如图 4.22 所示，每个组件的背面装有一个小型的逆变器。图 4.23 为 AC 太阳电池组件用小型逆变器。由于 AC 太阳电池组件的输出为交流电，因此，通过串、并联连接可以方便地得到所需的交流出力，可比较简单地构成太阳能光伏系统，一般将 AC 太阳电池组件的出力进行适当组合，直接用于一般家庭。目前，可直接与电力系统并网的产品也已进入实用阶段，并在太阳能光伏系统中应用。

AC 太阳电池组件具有以下特点：

（1）可以组件为单位增设容量，容易扩大系统的规模；

（2）可以组件为单位进行 MPPT 控制，可提高组件的出力，减少组件因阳光的部分阴影以及多方位设置而出现的损失；

（3）由于省去了直流配线，可减少因电气腐蚀而出现的故障；

（4）由于可以将组件的输出切断，可提高安装时的安全性；

（5）AC 太阳电池组件附加或内藏有小型逆变器，它的输出为交流电，因此，太阳电池组件个体可以构成发电系统，可以增加系统设计的灵活性。

逆变器的出力一般为几十 W 到几百 W，与通常的逆变器相比，转换效率略低，但大量使用时可降低成本。另外，许多逆变器相连时会出现相互干扰的问题，存在与传统的系统不同的问题。欧洲国家先行一步进行了大量的研究开发，AC 太阳电池组件已经被使用。

图 4.22　AC 太阳电池组件

2. 蓄电功能内藏太阳电池组件

太阳电池的电力可以向太阳电池组件内藏的蓄电池充电，错开太阳电池的发电

图 4.23　AC 太阳电池组件用小型逆变器

高峰，这种组件可以在削减电力系统用电高峰、备用电源以及灾害时的紧急用电源等方面得到应用。目前也有在蓄电功能内藏的太阳电池组件上装有 LED 灯进行照明的组件。

3. 带有融雪功能的太阳电池组件

积雪往往会影响太阳电池的出力。太阳电池组件积雪时可利用系统的夜间电力，通过逆变器使太阳电池组件通电，利用其所产生的热量使太阳电池上的积雪融化，使太阳电池恢复正常发电。这种电池组件主要用在北方积雪较多的地方。

4. 两面发电 HIT 太阳电池组件

图 4.24 为两面发电 HIT 太阳电池组件的结构，它由强化玻璃、HIT 太阳电池、封装剂以及透明保护材料等构成。

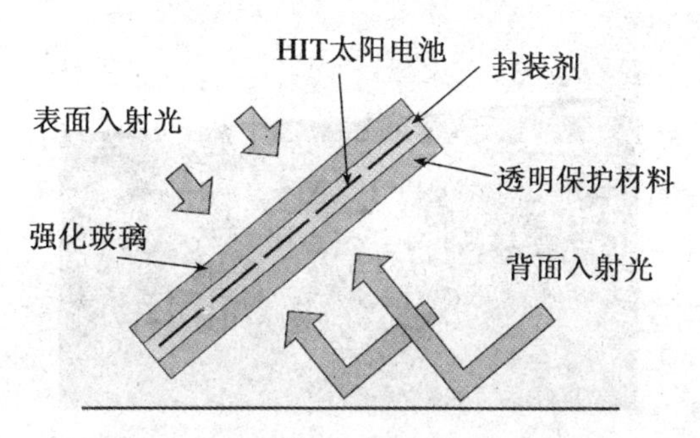

图 4.24　两面发电 HIT 太阳电池组件

两面发电 HIT 太阳电池具有如下的特点：

（1）表面和背面的入射光可以被利用，发电效率较高，与单面发电型太阳能光伏发电相比，两面发电 HIT 太阳能光伏发电的年发电量高 20%左右；

（2）太阳电池组件可垂直安装，可节省安装空间；

（3）不论何种安装方位，年发电量基本相同，因此太阳电池不必都面向南向安装；

（4）与壁面等组成一体，可构成各种形式的发电系统；

（5）与传统的安装方式相比，由于此种安装可垂直安装，因此可容易除去电池表面的积雪、尘土等，使电池表面保持清洁，从而提高电池的发电出力；

（6）由于采用双重玻璃，因此具有可靠性高、耐久寿命长的优点；

（7）如果一面采用单层玻璃，而另一面采用透明树脂，则可降低太阳电池的重量，安装比较容易。

图 4.25 为两面发电 HIT 太阳电池芯片的表面和背面的外观。图 4.26 为两面发电 HIT 太阳电池组件的安装状态。

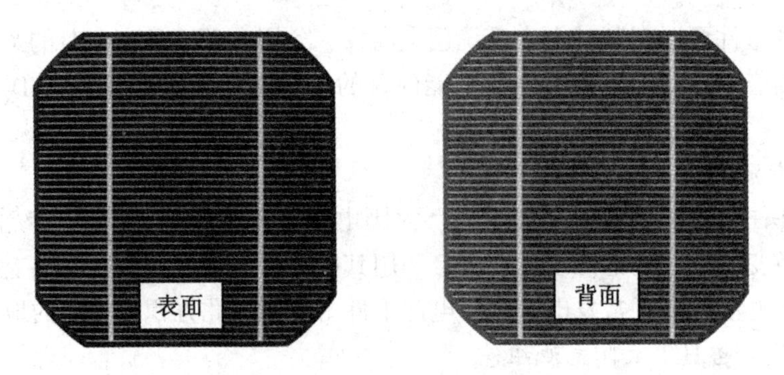

图 4.25　两面发电 HIT 太阳电池芯片

图 4.26　两面发电 HIT 太阳电池组件

4.4 建材一体型太阳电池组件的应用

建材一体型太阳电池组件主要用于住宅、公共设施等领域。下面主要介绍使用建材一体太阳电池组件在住宅方面以及在公共设施方面的应用。

4.4.1 太阳能光伏系统在住宅方面的应用

1. 采用直接安装法的屋顶一体型太阳能光伏系统

直接安装法将屋顶成一体的太阳电池组件与屋顶材料直接安装在一起，如图4.27所示，它具有如下特点：

（1）由于太阳电池组件与屋顶材料直接安装，可以对符合屋顶形状的组件进行自由布置；

（2）由于采用了独特的光反射抑制技术，可使多晶硅太阳电池芯片的转换效率达到15.3%以上；

（3）可使房子的外观协调、美观。

图4.27 采用直接安装法的屋顶一体型太阳能光伏系统

2. 使用无框架太阳电池的屋顶一体型太阳能光伏系统

图4.28所示为无框架太阳电池的屋顶一体型太阳能光伏系统，其特点是：

（1）由于省去了太阳电池的铝框，可降低成本；

（2）不需要屋顶固定金属件，由于使用了防水罩，可使屋顶材料成为一体；

（3）外形美观。

3. 使用HIT太阳电池的屋顶一体型太阳能光伏系统

图4.29为使用HIT太阳电池的屋顶一体型太阳能光伏系统，这种系统的太阳电池转换效率高，同样的面积可以获得更多的发电量。

图 4.28 使用无框架太阳电池的屋顶一体型太阳能光伏系统

图 4.29 使用 HIT 太阳电池的屋顶一体型太阳能光伏系统

4.4.2 太阳能光伏系统在公共设施方面的应用

1. 平顶型太阳能光伏系统

平顶型太阳能光伏系统如图 4.30 所示，这种系统具有如下的特点：

图 4.30 平顶型太阳能光伏系统

(1) 与传统的框架相比，由于价格较低，有利于太阳能光伏系统的普及；
(2) 由于利用了等压原理，所以可使风压载荷降低 1/2~1/3；
(3) 与倾斜设置相比，平面设置时可节省大约 30%的面积；
(4) 可延长防水层的使用寿命，降低室内的空调负荷；
(5) 由于组装简便、部件可集成等，使施工工期缩短。

2. 采光型太阳能光伏系统

采光型太阳能光伏系统如图 4. 31 所示，其特点是：

图 4. 31　采光型太阳能光伏系统

(1) 无框架、轻便、透明；
(2) 可将太阳电池芯片进行各种组合；
(3) 将太阳电池芯片放在玻璃之间构成组件。

3. 幕墙型太阳能光伏系统

幕墙型太阳能光伏系统如图 4. 32 所示，其特点是：

图 4. 32　幕墙型太阳能光伏系统

（1）无框架、外形美观；

（2）可与铝棒组合构成所需的系统；

（3）部件系统化，使施工工期缩短。

图4.33所示为另一幕墙型太阳能光伏系统，它具有如下的特点：

（1）利用等压原理可实现薄型、轻量的太阳能发电系统，适合在有风的地方使用；

（2）配线箱与太阳电池组件成为一体，使施工简便、省力；

（3）可作为建筑物外壁的一部分使用，突出外观效果。

图4.33 壁面设置型太阳能光伏系统

第5章　太阳能光伏系统概要

太阳能光伏系统根据负载是直流还是交流，是否带有蓄电池，是否与电力系统并网以及应用领域等可以有多种多样的形式。根据太阳能光伏系统是否与电力系统并网可将太阳能光伏系统分成独立系统和并网系统。除此之外，还有混合系统等。本章将介绍这些系统的构成、特点及应用。

太阳能光伏系统按应用领域可分为住宅用、公共设施用以及产业设施用太阳能光伏系统等。住宅用太阳能光伏系统可以用于一家一户，也可以用于集合住宅以及由许多集合住宅构成的小区等；公共设施用太阳能光伏系统主要用于学校、机关办公楼、道路、机场设施以及其他公用设施；产业设施用太阳能光伏系统主要用于工厂、营业所、宾馆以及加油站等设施。

5.1　太阳能光伏系统的种类及用途

独立系统根据负载的情况可分为专用负载系统和一般负载系统。所谓专用负载系统是指太阳电池的出力与负载一一对应的系统；而一般负载系统是指在一定范围内以不特定的负载为对象的系统。另外，根据负载是直流还是交流以及蓄电池的有无可以有如图5.1的若干分类。

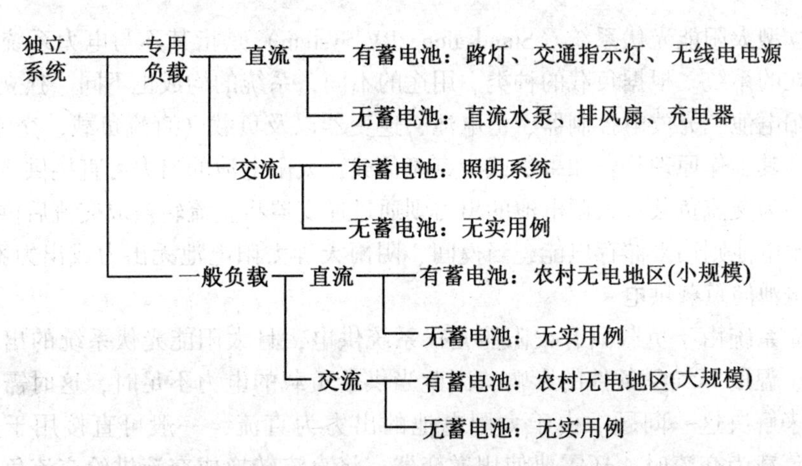

图5.1　独立型太阳能光伏系统的分类及用途

并网系统是指太阳能光伏系统接入电网的系统。根据太阳能光伏系统是否向电网送电可分为反送电（Reverse Power Flow）系统和无反送电系统。另外，根据两者的电气关系可以分为切换式系统，地域并网式太阳能光伏系统等，如图 5.2 所示。太阳能光伏系统作为分布式电源，一般以分布系统（Dispersed System）的形式被利用。

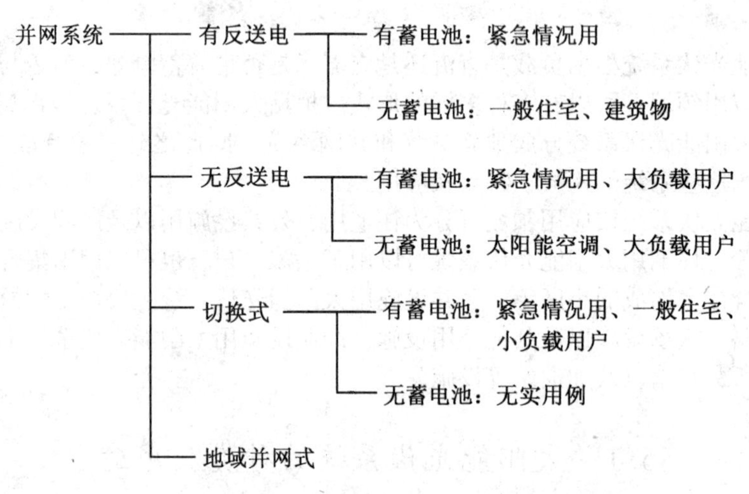

图 5.2 并网型太阳能光伏系统的分类及用途

5.2 独立系统

独立型太阳能光伏系统（Stand-alone PV System）是指其不与电力系统并网而独立存在的系统。根据负载的种类、用途的不同，系统的构成也不同。独立系统一般由太阳电池、充放电控制器、蓄电池、逆变器以及负载（直流负载、交流负载）等构成。其工作原理是：如果负载为直流负载，太阳电池的出力可直接供给直流负载；如果为交流负载，太阳电池的出力则通过逆变器将直流转换成交流后供给交流负载。蓄电池则用来储存电能，当夜间、阴雨天等太阳电池无出力或出力不足时，则由蓄电池向负载供电。

独立系统由于负载只有太阳能光伏系统供电，且太阳能光伏系统的出力受诸如日照、温度等气象条件的影响，因此当供给负载的电力不足时，这时需要使用蓄电池来解决这一问题。由于太阳电池的出力为直流，一般可直接用于直流负载。当负载为交流时，还需要使用逆变器，将直流转换成交流供给交流负载。由于蓄电池在充放电时会出现损失且维护检修成本较高，因此，独立型太阳能光伏系统容量一般较小，主要应用于时钟、无线机、路标、岛屿以及山区无电地区等领域。

5.2.1　独立系统的用途

独立系统一般适用于下列情况：

(1) 需要携带的设备，如野外作业用携带型设备的电源；

(2) 夜间、阴雨天等不需电网供电；

(3) 远离电网的边远地区；

(4) 不需要并网；

(5) 不采用电气配线施工；

(6) 不需要备用电源。

一般来说，远离送、配电线而又必需电力的地方以及如柴油发电需要运输燃料、发电成本较高的情况下使用独立系统比较经济，可优先考虑使用独立系统。

5.2.2　独立系统的构成及种类

独立型太阳能光伏系统根据负载的种类，即是直流负载还是交流负载，是否使用蓄电池以及是否使用逆变器可分为以下几种：直流负载直连型、直流负载蓄电池使用型、交流负载蓄电池使用型、直、交流负载蓄电池使用型等系统。下面分别介绍这些系统的构成和用途。

1. 直流负载直连型系统

直流负载直连型系统如图 5.3 所示，太阳电池与负载（如换气扇、抽水机）直接连接。由于该系统是一种不带蓄电池的独立系统，它可以在日照不足时、太阳能光伏系统不工作时也无关紧要的情况下使用。例如灌溉系统、水泵系统等。

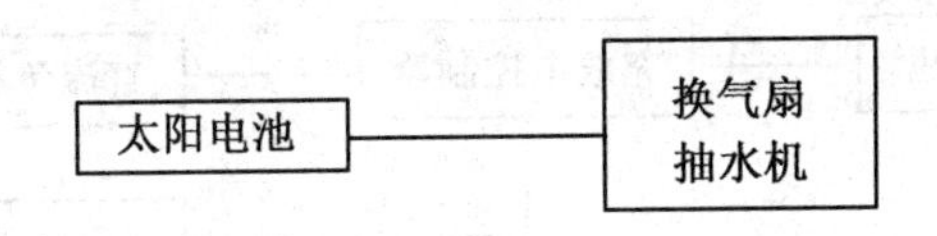

图 5.3　直流负载直连型系统

2. 直流负载蓄电池使用型系统

直流负载蓄电池使用型系统如图 5.4 所示，由太阳电池、蓄电池、充放电控制器以及直流负载等构成。蓄电池用来储存电能以供负载使用，白天，太阳能光伏系统所产生的电能供负载使用，有剩余电能时则由蓄电池储存，夜间、阴雨天时，则由蓄电池向负载供电。这种系统一般用在夜间照明（如庭园照明等）、交通指示用电源、边远地区设置的微波中转站等通信设备备用电源、远离电网的农村用电源等场合。

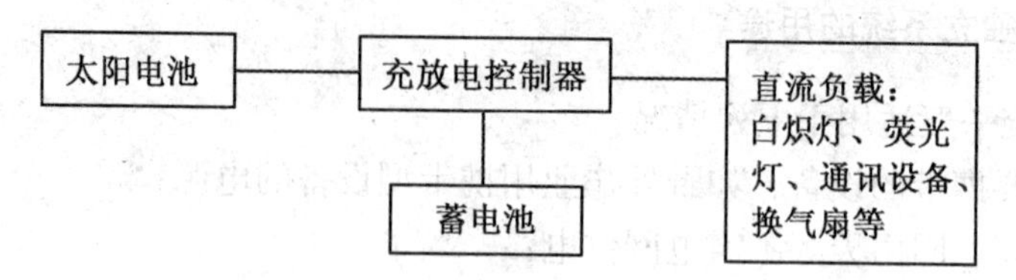

图 5.4 直流负载蓄电池使用型系统

3. 交流负载蓄电池使用型系统

图 5.5 为交流负载蓄电池使用型系统，该系统由太阳电池、交流负载、逆变器、蓄电池以及充放电控制器等构成。该系统主要用于家庭电器设备，如电视机、电冰箱等。由于这些设备为交流设备，而太阳电池的出力为直流，因此必须使用逆变器将直流电转换成交流电。当然，根据不同的系统，也可不使用蓄电池，而只在白天为负载提供电能。

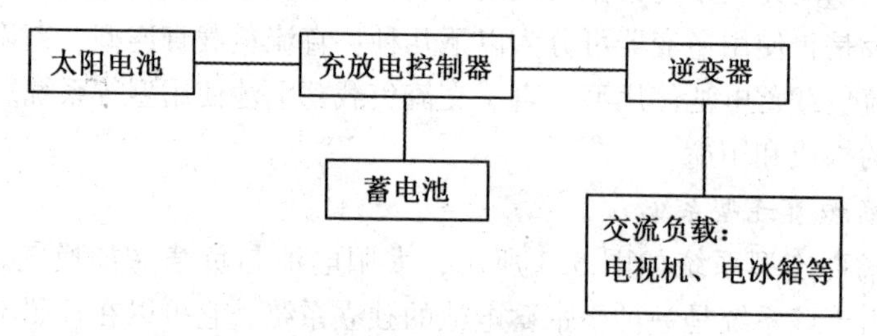

图 5.5 交流负载蓄电池使用型系统

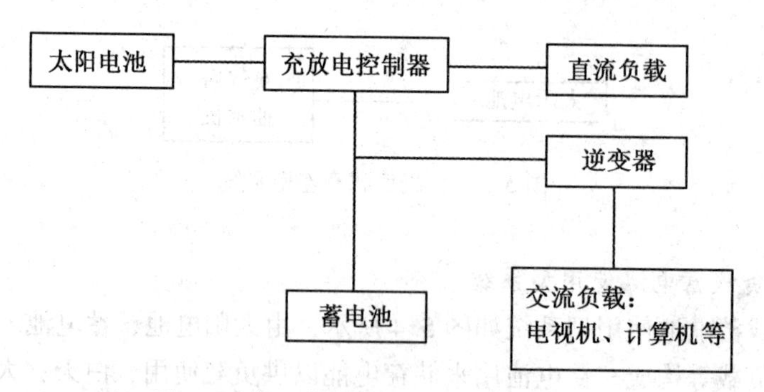

图 5.6 直、交流负载蓄电池使用型系统

4. 直、交流负载蓄电池使用型系统

图5.6为直、交流负载蓄电池使用型系统，该系统由太阳电池、直流负载、交流负载、逆变器、蓄电池以及充放电控制器等构成。该系统可同时为直流以及交流电器等，如电视机、计算机等提供电能。

由于该系统为直流、交流负载混合系统，除了要供电给直流设备之外，还要为交流设备供电，因此，同样要使用逆变器将直流电转换成交流电。

5.3 并网系统

并网系统（Utility System，Grid Connected System）就是将太阳能光伏系统与电力系统并网的系统，它可分为有反送电并网系统、无反送电并网系统、独立运行切换型系统、直、交流并网型系统、地域并网型系统等。

5.3.1 有反送电并网系统

有反送电并网系统如图5.7所示，太阳电池的出力供给负载后，若有剩余电能且剩余电能流向电网的系统，我们称之为有反送电并网系统。对于有反送电并网系统来说，由于太阳电池产生的剩余电能可以供给其他的负载使用，因此可以发挥太阳电池的发电能力，使电能得到充分利用。当太阳电池的出力不能满足负载的需要时，则从电力系统得到电能。这种系统可用于家庭的电源、工业用电源等场合。

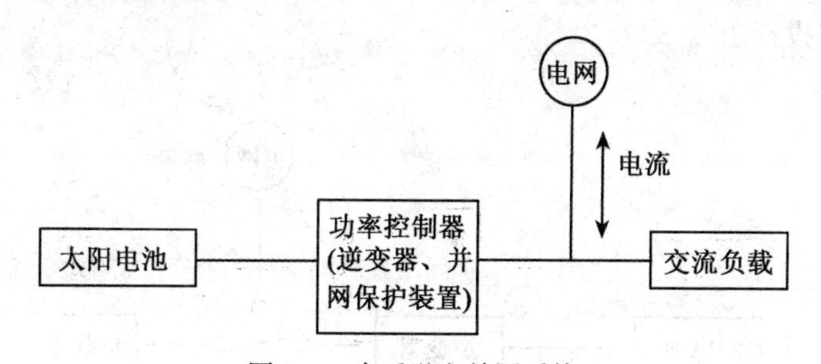

图5.7　有反送电并网系统

5.3.2 无反送电并网系统

无反送电并网系统如图5.8所示，太阳电池的出力供给负载，即使有剩余电能，但剩余电能并不流向电网，此系统称为无反送电并网系统。当太阳电池的出力不能满足负载的需要时，则从电力系统得到电能。

并网式系统的最大优点是：可省去蓄电池。这不仅可节省投资，使太阳能光伏

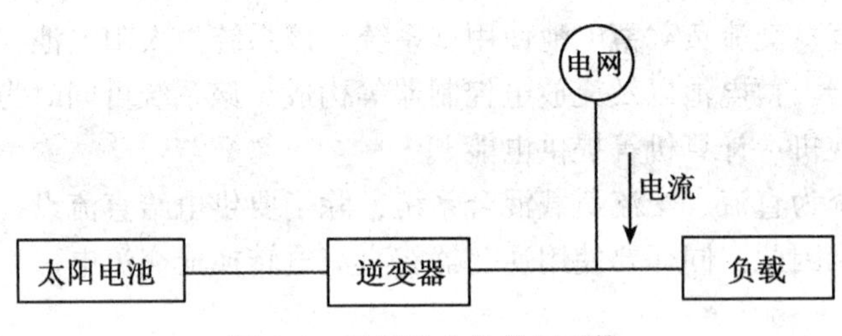

图 5.8　无反送电的并网系统

系统的成本大大降低，有利于太阳能光伏系统的普及，而且可省去蓄电池的维护、检修等费用，所以该系统是一种十分经济的系统。目前，这种不带蓄电池、有反送电的并网式屋顶太阳能光伏系统正得到越来越广泛的应用。然而，近年来由于地震、停电等原因，在并网系统中安装蓄电池的情况正在逐步增加，当电网停电时，太阳能光伏系统为负载提供电能。

5.3.3　切换型并网系统

切换型并网系统如图 5.9 所示，该系统主要由太阳电池、蓄电池、逆变器、切换器以及负载等构成。正常情况下，太阳能光伏系统与电网分离，直接向负载供电，而当日照不足或连续雨天，太阳能光伏系统的出力不足时，切换器自动切向电网一边，由电网向负载供电。这种系统在设计蓄电池的容量时可选择较小容量的蓄电池，以节省投资。

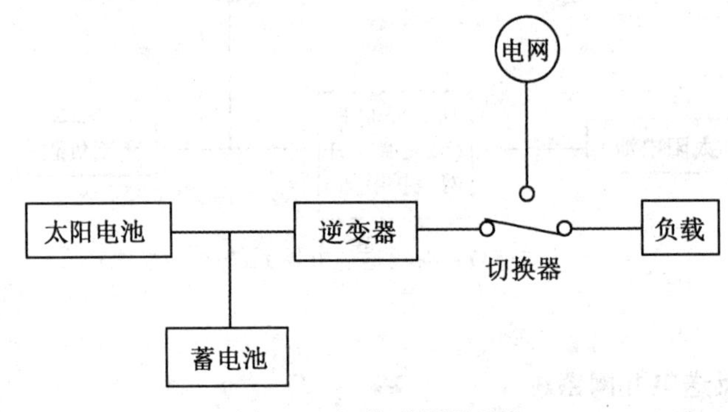

图 5.9　切换型并网系统

5.3.4　独立运行切换型太阳能光伏系统（防灾型）

独立运行切换型（Grid Backed-up）太阳能光伏系统一般用于灾害、救灾等情况。图 5.10 为独立运行切换型（防灾型）太阳能光伏系统。通常，该系统通过系统并网保护装置（在功率控制器内）与电力系统连接，太阳能光伏系统所产生的

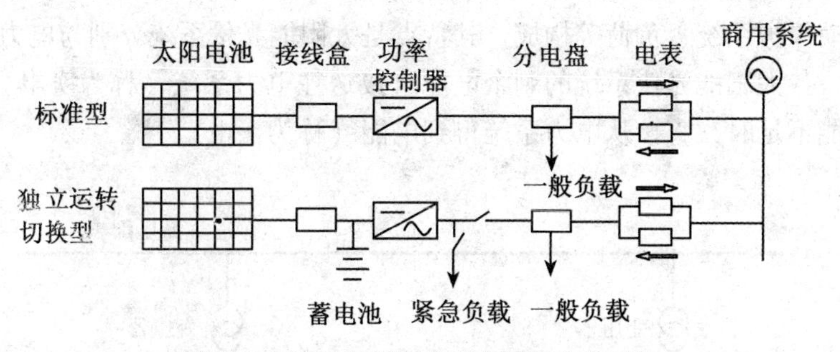

图 5.10　独立运行切换型太阳能光伏系统

电能供给负载。当灾害发生时，系统并网保护装置动作使太阳能光伏系统与电力系统分离。带有蓄电池的独立运行切换型太阳能光伏系统可作为紧急通信电源、避难所、医疗设备、加油站、道路指示、避难场所指示以及照明等的电源，向灾区的紧急负荷供电。

5.3.5　直、交流并网型太阳能光伏系统

图 5.11（a）所示为直流并网型太阳能光伏系统。由于信息通信用电源为直流电源，因此，太阳能光伏系统所产生的直流电可以直接供给信息通信设备使用。为了提高供电的可靠性和独立性，太阳能光伏系统也可同时与商用电力系统并用。图 5.11（b）为交流并网型太阳能光伏系统，它可以为交流负载提供电能。图中，实线为通常情况下的电能流向，虚线为灾害情况下的电能流向。

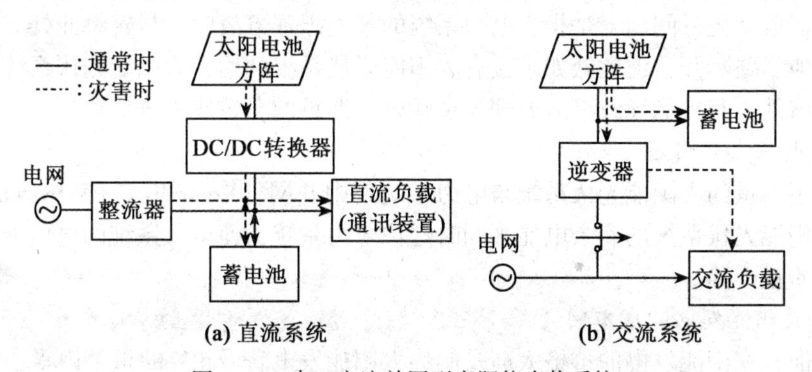

图 5.11　直、交流并网型太阳能光伏系统

5.3.6 地域并网型太阳能光伏系统

传统的太阳能光伏系统如图 5.12 所示，该系统主要由太阳电池、逆变器、控制器、自动保护系统、负荷等构成。其特点是太阳能光伏系统分别与电力系统的配电线相连。各太阳能光伏系统的剩余电能直接送往电力系统（称为卖电）；各负荷的所需电能不足时，直接从电力系统得到电能（称为买电）。

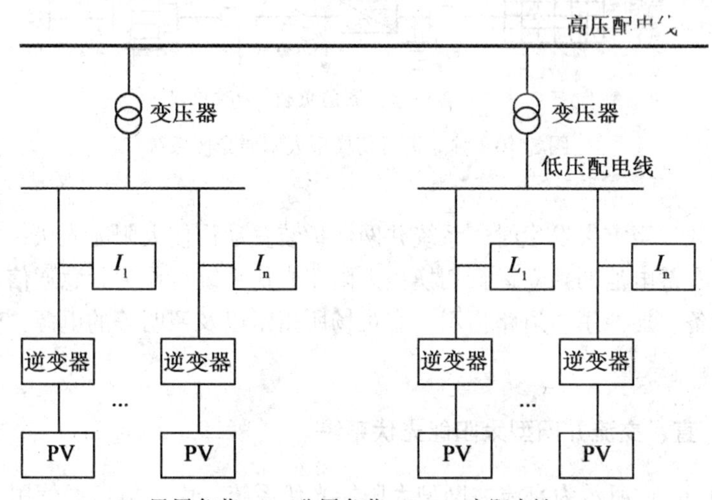

图 5.12 传统的太阳能光伏系统

传统的太阳能光伏系统存在如下的问题：

1. 孤岛运行问题

所谓孤岛运行问题，是指当电力系统的某处出现事故时，尽管将此处与电力系统的其他线路断开，但此处如果接有太阳能光伏系统的话，太阳能光伏系统的电能会流向该处，有可能导致事故处理人员触电，严重的会造成人身伤亡。

2. 电压上升问题

由于大量的太阳能光伏系统与电力系统集中并网（Centralized PV System），晴天时太阳能光伏系统的剩余电能会同时送往电力系统，使电力系统的电压上升，导致供电质量下降。

3. 太阳能发电的成本问题

目前，太阳能发电的价格太高是制约太阳能发电普及 PV 的重要因素，如何降低成本是人们最为关注的问题。

4. 负荷均衡问题

为了满足最大负荷的需要，必须相应地增加发电设备的容量，但这样会使设备投资增加，不经济。

为了解决上述问题，著者提出了地域并网型太阳能光伏系统（Grid System in Community）。如图 5. 13 所示，图中的虚线部分为地域并网太阳能光伏系统的核心部分。各负荷、太阳能发电站以及电能储存系统与地域配电线相连，然后在某处接入电力系统的高压配电线。

太阳能发电站可以设在某地域的建筑物的壁面，学校、住宅等的屋顶、空地等处，太阳能发电站、电能储存系统以及地域配电线等设备可由独立于电力系统的第三者（公司）建造并经营。

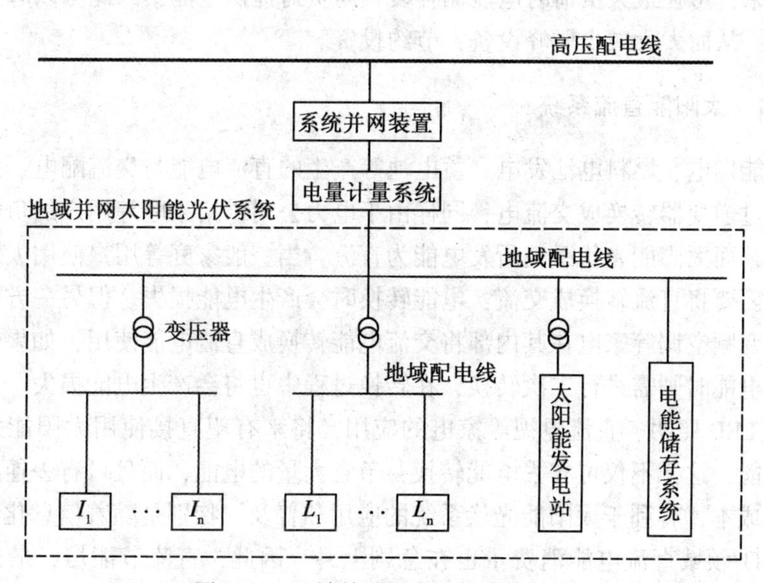

图 5. 13　地域并网型太阳能光伏系统

该系统的特点是：

（1）太阳能发电站（可由多个太阳能光伏系统组成）发出的电能首先向地域内的负荷供电，有剩余电能时，电能储存系统先将其储存起来，若仍有剩余电能则卖给电力系统；太阳能发电站的出力不能满足负荷的需要时，先由电能储存系统供电，仍不足时则从电力系统买电。这种并网系统与传统的并网系统相比，可以减少买、卖电量。太阳能发电站发出的电能可以在地域内得到有效利用，提高电能的利用率。

（2）地域并网太阳能光伏系统通过系统并网装置（内设有开关）与电力系统

相连。当电力系统的某处出现故障时，系统并网装置检测出故障，并自动断开开关，使太阳能光伏系统与电力系统分离，防止太阳能光伏系统的电能流向电力系统，有利于检修与维护。因此这种并网系统可以很好地解决孤岛运行问题。

(3) 地域并网太阳能光伏系统通过系统并网装置与电力系统相连，所以只需在并网处安装电压调整装置或使用其他方法，就可解决由于太阳能光伏系统同时向电力系统送电时所造成的系统电压上升问题。

(4) 由上述的特点 (1) 可知，与传统的并网系统相比，太阳能光伏系统的电能首先供给地域内的负荷，若仍有剩余电能则由电能储存系统储存，因此，剩余电能可以得到有效利用，可以大大降低成本，有助于太阳能发电的应用与普及。

(5) 负荷均衡问题。由于设置了电能储存装置，可以将太阳能发电的剩余电能储存起来，可在最大负荷时电能储存装置向负荷提供电能，因此可以起到均衡负荷的作用，从而大大减少调峰设备，节约投资。

5.3.7 太阳能直流系统

太阳能发电、燃料电池发电、蓄电池等产生的直流电能与交流配电、系统并网时需要通过逆变器转换成交流电，同样由于电力公司供给家庭等用户的负载一般为交流电能，而太阳能光伏系统所发电能为直流，当一般家庭等用户使用太阳能发电的电能时需要将直流转换成交流，电能转换时会产生电能损失。但另一方面，许多电器，如变频空调等家电在其内部将交流电能转换成直流电能使用，如果使用太阳能发电的电能时则需进行二次转换，在转换过程中也将会产生电能损失。

随着 LED 照明、直流电视等家电的应用，将来有望直接使用太阳能发电等所发直流电能，这样不仅可省去电能转换，节省大量的电能，而且可省去逆变器等装置，降低成本，有利于太阳能光伏系统的应用和普及。特别是随着信息化社会的急速发展，IT 领域直流电能消费量也在急剧上升，因此，直流节能房，最佳直流化技术的研发值得期待。

另外，现在的屋顶并网型太阳能光伏系统中一般未使用蓄电池等电力储存系统，而是将剩余电能直接送入电网，当太阳能光伏系统高密度、大规模普及时将会对电网的稳定、供电质量等产生较大影响。为了避免上述问题，并考虑到地震等自然灾害、电力不足停电等情况，有必要安装如蓄电池等备用电源。

分散电源发电所产生的直流电能不必转换成交流，而是直接使用直流的供电系统，可提高使用能源的效率。为了实现这一目的，直流供电方式、变电装置以及蓄电装置等的开发、控制方式的开发必不可少。

为了避免太阳能光伏系统高密度、大规模普及时发电出力的变动对电力系统的电压、频率等的影响，并使太阳能光伏发电所发电能有效地被利用，以前笔者曾提出了交流地域并网型太阳能光伏系统（见图5.3）。为了解决以上问题，又提出了直流地域并网型太阳能光伏系统以及太阳能发电直流系统，直流地域配电线以及带蓄电池的光伏系统，如图5.14和图5.15所示。这些直流系统具有节能、有效利用电能、降低蓄电池容量以及二氧化碳减排效果显著等特点，将来有望得到广泛应用和普及。本节将介绍直流地域并网型太阳能光伏系统和太阳能发电直流系统等。

1. 直流地域并网型太阳能光伏系统

图5.14所示为著者提出的直流地域并网型太阳能光伏系统的组成。该系统中的直流地域配电线由独力的电力企业设置，在各屋顶太阳能光伏系统中设置了蓄电池，各太阳能光伏系统直接与直流地域配电线相连，然后整个直流太阳能光伏系统在并网点接入电网。

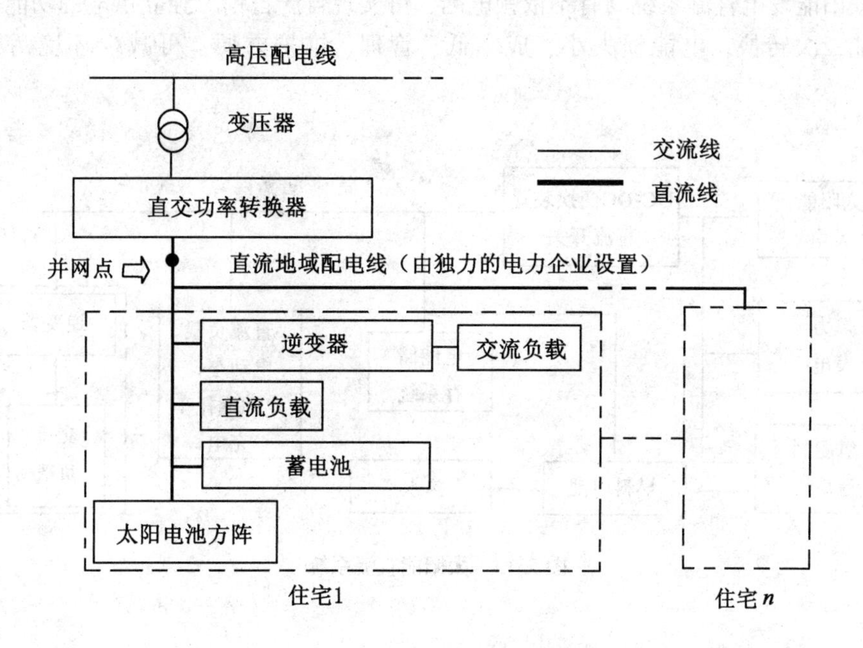

图5.14　直流地域并网型太阳能光伏系统

在直流太阳能光伏系统中，与直流地域配电线相连的各太阳能光伏系统之间可进行电能融通、互补，即地域内的某家庭电能有剩余电能时可通过直流地域配电线为电能不足的家庭提供电能，地域全体电能不足时则由电网补充。相反，地域全体有剩余电能时则由蓄电池储存，如果超过蓄电池的储存容量则送入电网。可见，在直流太阳能光伏系统中各太阳能光伏系统之间通过地域配电线可进行直流电能融通、互补，并有效利用太阳能光伏系统所发电能，减少与电网的电能交换，从而减少或避免对电网的影响。

在这种直流太阳能光伏系统中，太阳电池所发直流电能直接供给直流负载，不需要交直转换，可减少电能损失，与现在的太阳能光伏系统比较电能损失较小，有剩余电能时由蓄电池储存。作为交流负载向直流负载的过渡，这里保留了交流负载，并使用逆变器将直流电能转换成交流电能供交流负载使用。如果将来家庭全部使用直流家电，则可省去逆变器及交流负载部分。

2. 太阳能直流系统

著者提出的太阳能发电直流系统的构成如图 5.15 所示。由太阳能光伏发电站、DC-DC 电能变换装置、直流开关、直流线、电能储存系统、直流负载、电动车和电动摩托车，电动自行车等组成。另外，图中也加入了风能发电、氢能制造系统、燃料电池等，以满足使用风能等可再生能源发电以及提高供电可靠性的需要。

太阳能发电直流系统具有不依赖电网、可实现自产自销、独立供电的功能，没有电能二次转换，电能损失小、成本低、管理、维护方便，可减少环境污染等特点。

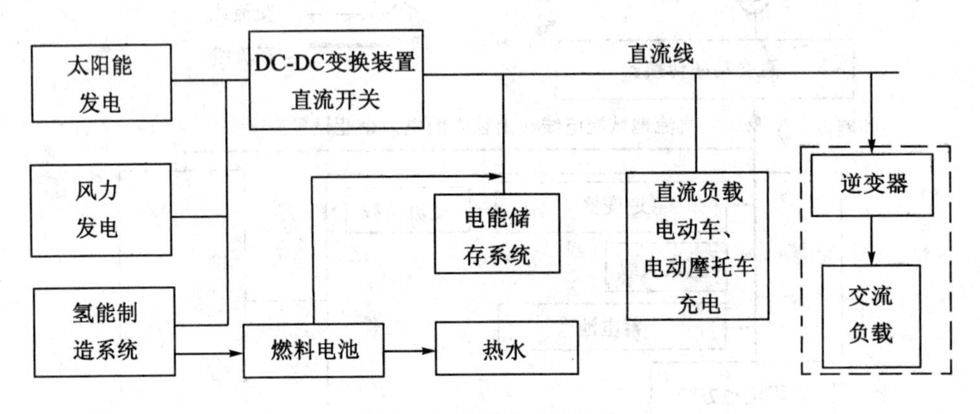

图 5.15 太阳能直流系统

5.4 混合系统

太阳能光伏系统与其他系统（如风力、集热器、燃料电池等）组成的系统称为混合系统。混合系统主要适用于以下情况：即太阳电池的出力不稳定，需使用其他的能源作为补充时以及太阳的热能作为综合能源加以利用时的情况。混合系统一般可分成现地电源混合系统，光、热混合太阳能系统以及太阳能光伏、燃料电池系统等。现地电源混合系统是指由太阳能光伏系统与风力发电、水力发电以及柴油机发电等组成的系统，如图 5.15 所示。

5.4.1　光、热混合太阳能系统

图 5.16 为光、热混合太阳能系统的构成。日常生活中所使用的电能与热能同时利用的太阳光-热混合集热器（Collector）就是其中的一例。光、热混合太阳能系统用于住宅负载时可以得到有效利用，即可以有效利用设置空间、减少使用的建材以及能量回收年数、降低设置成本以及能源成本等。

太阳光-热混合集热器具有太阳能热水器与太阳电池方阵组合的功能，它具有如下特点：

（1）太阳电池的转换效率大约为 17%（如晶硅系电池），加上集热功能，太阳光-热混合集热器可使综合能量转换效率提高；

（2）集热用媒质的循环运动可促进太阳电池方阵的冷却效果，可抑制太阳电池芯片随温度上升转换效率的下降，提高转换效率和出力。

图 5.16　光、热混合太阳能系统

5.4.2　太阳能光伏、燃料电池系统

图 5.17 为太阳能光伏、燃料电池系统，它由太阳能光伏系统、燃料电池系统构成，燃料电池可使用通过太阳能分解水而得到的氢气。该系统可以综合利用能源，提高能源的综合利用率。目前，燃料电池的综合效率已达 40% 以上，将来可作为个人住宅电源使用。太阳能光伏、燃料电池系统由于使用了燃料电池发电，因此可以节约电费、明显降低二氧化碳的排放量、减少环境污染。

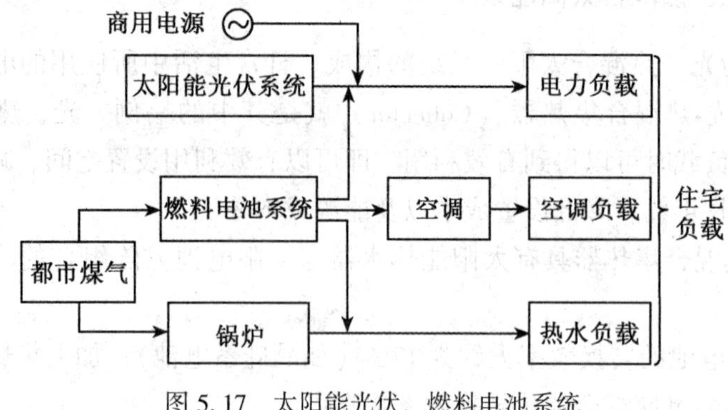

图 5.17　太阳能光伏、燃料电池系统

5.5　储能系统

随着太阳能光伏发电等可再生能源发电的应用与普及、剩余电能大量出现以及出力变动等问题将严重影响电力系统的稳定和安全，如何使用剩余电能、对应出力变动将成为必须解决的难题。为了减少或消除剩余电能、出力变动对电力系统的影响，有必要使用蓄电池（Storage Battery）等储能系统，目前多采用蓄电池等解决上述问题。储能系统除了具有上述作用之外，还可用来储存电价便宜的夜间电能，减少家庭或公司的开销。储能系统可以在独立型太阳能光伏系统、地域型并网太阳能光伏系统、智能微网、智能电网等系统中使用。本节主要介绍铅蓄电池、锂电池、超级电容（EDLC）以及抽水储能电站等储能的方式、特点、储能系统的应用等内容。

5.5.1　储能问题

由于受季节、天气、温度等环境因素的影响，太阳能光伏系统会出现夜间不发电、阴天时发电不足，晴天大量发电等工作状态，使系统的出力发生较大变动，一方面会影响负载的供电，另一方面会对电力系统的供电质量，如对电压、频率等造成较大的影响。如图 5.18 所示，太阳能光伏系统的出力随时间、天气变动，晴天时出力较大，阴天不仅出力较小，而且变动较大，而雨天出力很小，几乎不发电。晴天时由于太阳能光伏系统的出力较大，可能会出现向电力系统反送电的情况，其结果会使配电线的电压上升，系统频率波动，导致系统不能正常工作。为了避免这种情况出现，有必要使用储能系统以抑制电力的变动。

图 5.19 为太阳能光伏系统的日发电量、负载的消费量以及蓄电池充放电的关

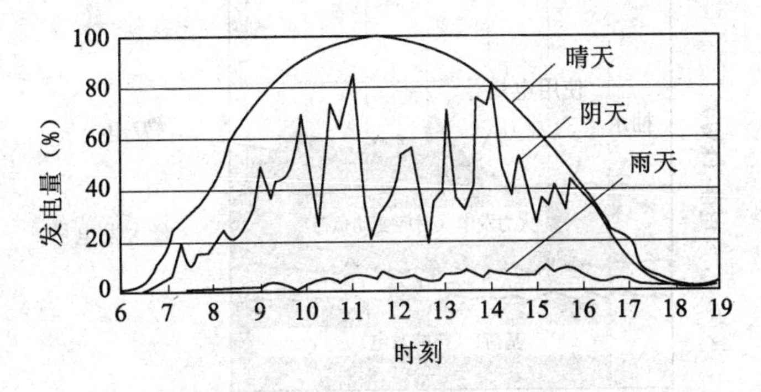

图5.18 太阳能光伏发电的出力变动

系曲线，昼间由于太阳能光伏系统的出力较大，而一般家庭的消费量较少，所以剩余电能可由蓄电池蓄电，在夜间或傍晚蓄电池放电为负载供电，实现电能的供求平衡。另外，当因地震、事故等导致电力系统停电时，蓄电池可作为备用电源使用为负载供电。

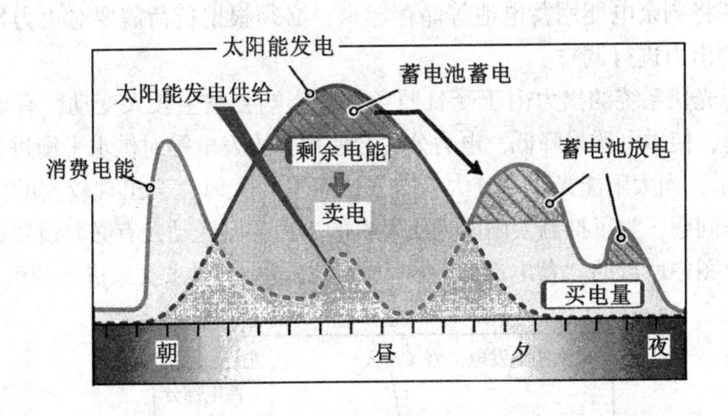

图5.19 日发电量、消费量以及蓄电池充放电的关系曲线

5.5.2 电能供求关系

图5.20为电能供求关系，由图中可以看出，白天的用电量较大，而夜间最小，一日的用电量的变化较大，夏季的用电量最大，而其他时期减少。另外，由于太阳能光伏发电等的出力随日照强度等气象条件变化而变动，不能满足稳定的电力供给的需要，因此需要采用储能等方法。

电能由基荷部分和对应变动负荷部分组成，其中基荷部分为核能发电以及水力

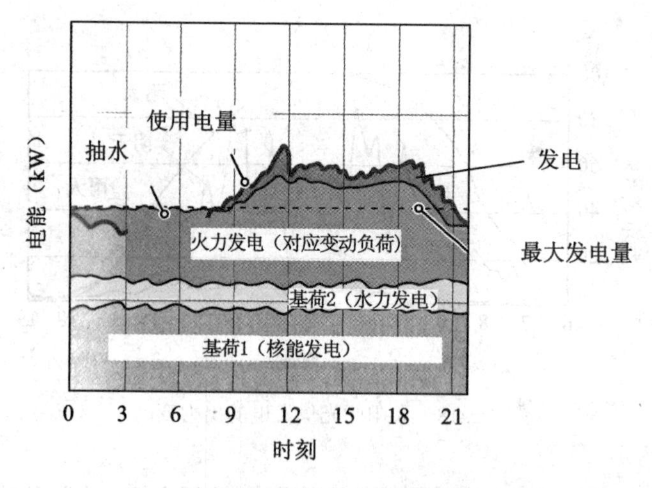

图 5.20 平均电力供求关系

发电两部分，变动负荷部分由火力发电供电，抽水蓄能电站在使用电量小于最大发电量时开始抽水运转，而当使用电量大于最大发电量时开始发电运转，为负载提供电能。为了将剩余电能用蓄电池等储存起来，必须根据负荷需要对火力发电和抽水蓄能发电的出力进行调整。

太阳能光伏系统的出力由于受日照条件的影响会发生较大变动，有可能打破电力供求平衡，使供电质量降低，电力公司会使用火力发电等对供求平衡进行调整。如图 5.21 所示，当太阳能光伏系统大量普及，容量较大时，会出现较大的出力变动和剩余电能等问题，为了抑制太阳能光伏发电的出力激剧变动，有必要设置蓄电池等蓄电设备储存图中所示的“蓄电部分”的电能，对电力的供求关系进行调整。

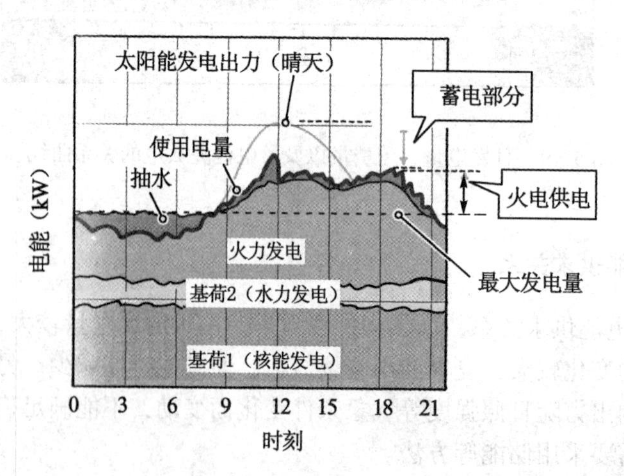

图 5.21 太阳能光伏发电大量安装时的电力供求模式

5.5.3　储能方式

储能一般有位能、压力、运动、电气化学等储能方式，位能储能方式有抽水发电，压力储能有压缩空气方式，运动储能有飞轮方式，电气化学储能有钠硫黄电池等，其他的储能方式有电容、超电导等方法等。目前，一般采用二次电池（铅电池、锂电池等)、大容量电容电池（EDLC）以及抽水蓄能等方式。为了解决太阳能光伏发电出力不稳定、负载的用电等问题，目前一般采用铅蓄电池等蓄能方法来加以解决，铅蓄电池已有150年的历史，已得到广泛的应用，其优点是价格便宜，动作温度范围较广，有较强的过充电特性，但缺点是充放电效率较低，在低充电状态下，由于电极劣化会引起充电容量变小等。为了克服铅蓄电池的不足，人们研发了一些新型储能方法。本节主要介绍在太阳能光伏系统中使用的锂电池、大容量电容电池以及抽水蓄能等储能方式。

1. 锂电池

锂电池（Lithium Battery）由电极、电解液等构成，负电极使用炭材料，正极使用含锂的金属氧化物，电解液为有机电解液，是一种高能量密度电池。锂电池的外形有圆形和方形，如图5.22所示。

图5.22　锂电池的构造

锂电池在充电过程中正极放出锂离子，通过电解液后被负极吸收；放电时，负极放出锂离子，通过电解液后被正极吸收。由于在充放电过程中以离子的形式存在，不会出现锂金属。其优点是能量密度高，放电效率极高，可达95%以上，自放电小，可快速充电，放电电压曲线较平坦，可获得长时间稳定的电能。其缺点是过充、放电特性较弱，需要控制保护电路，不适合于大电流放电的情况，成本较高，由于使用了有机电解液，所以安全性的要求较高。锂电池应用十分广泛，可用在体积小、重量轻的电子产品上，如手机、钟表等，也可在太阳能车、小轿车以及太阳能光伏系统中使用。

2. 大容量电容电池

大容量电容电池（Electric Double-Layer Capacitor，EDLC）的构成如图 5.23 所示，它由正极、负极、电解液以及隔离板等构成。大容量电容电池以静电的形式储存电能，静电容量可达 1 000F 以上，可以瞬时提供电能，蓄电损失低，效率可达 95%以上。由于没有化学反应，充放电次数可达 100 万次以上，寿命较长。但这种电容具有不能大量储存电能，设置体积较大等缺点。大容量电容电池可在极短时间内进行充放电，可大电流放电，长时间使用性能变化较小，储存电能较少；而蓄电池可大量储存电能，充放电较长，长时间使用时性能变化较大。今后，如果大容量电容电池的单位体积蓄电容量大幅增加，大容量的问题得到解决，它不仅可代替铅蓄电池，还可在太阳能光伏系统储能、电力系统的稳定供给、混合动力车、电动车等方面得到广泛应用。

图 5.23　大容量电容电池

3. 抽水蓄能

抽水蓄能（Pumped Storage System）的应用历史较长，一般用在较大的蓄能系统中，抽水蓄能电站由上蓄水池、下蓄水池、可变速抽水发电系统以及水管构成。传统的使用方法是抽水蓄能电站利用深夜核能发电、火力发电的电价较便宜的剩余电能驱动电机，带动水泵将下蓄水池的水抽到上蓄水池，而当白天峰值负荷出现时，水轮机利用上蓄水池的水能带动发电机发电，起调峰作用，并抑制火力发电的出力。

为了解决太阳能光伏系统的剩余电能、电网的运行稳定以及电能质量等问题，作者首次提出了在大规模太阳能光伏系统中使用抽水蓄能电站的新方法，并研究了这些储存装置的设置地点，最佳容量等问题。在太阳能光伏系统中，抽水蓄能发电系统的工作原理与传统的原理相反，即当大规模或大型太阳能光伏系统集中并网时，太阳光辐射较强时光伏系统的出力迅速增加，这时，可利用剩余电能驱动电机，带动水泵将下蓄水池的水抽到上蓄水池，而在傍晚或深夜水轮机则利用上蓄水池的水能带动发电机发电，向负载供电。这一新方案不仅可解决上述问题，也可代替核能、火力发电承担基荷部分的电能。

5.5.4　蓄能系统

蓄能系统一般可在独立型太阳能光伏系统（独立系统）以及并网型太阳能光伏系统（并网系统）中使用，在独立系统中，主要利用蓄电池为海上、山中以及偏远地区的负载提供电能。在并网系统中使用蓄能系统可在灾害时为负载提供电力，也可在峰荷移动、电能储存以及备用电源等方面使用。将来，在地域型、智能微网型、智能电网型系统中也将会大量使用蓄能系统。

1. 独立型

图 5.24 为带蓄电池的独立型太阳能光伏系统。在独立型太阳能光伏系统中，负载不使用电力系统的电能，只使用太阳能光伏系统所发出的电能，如果有剩余电能时则通过充电器向蓄电池充电，电能不足时蓄电池通过放电控制器为负载供电。

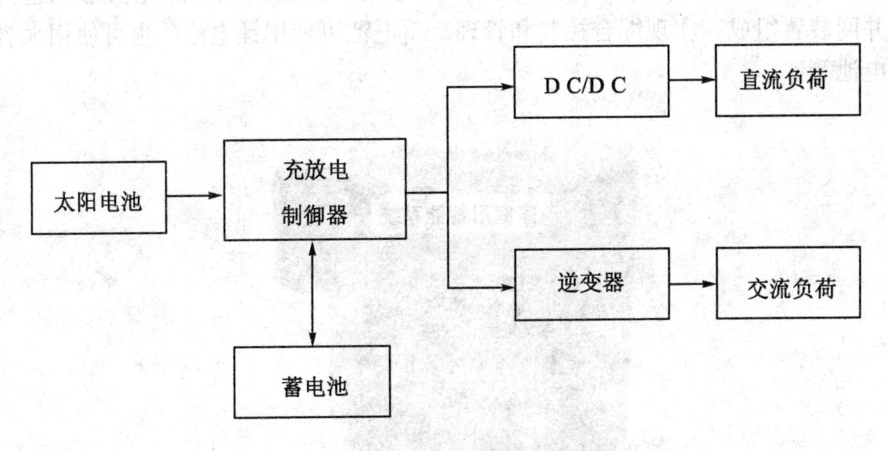

图 5.24　带蓄电池的独立型太阳能光伏系统

2. 并网系统

并网型太阳能光伏系统一般不使用蓄电池等储存系统，由于太阳能光伏系统大量普及有可能给电力系统的电压、频率等造成不利影响，另外，电能的“自产自销”的意识正在得到人们的理解，再加上地震灾害、停电事故等时有必要自备电源，所以在并网型太阳能光伏系统中安装蓄电池非常有必要。

带蓄电池的并网型太阳能光伏系统如图 5.25 所示。图中的功率控制器带有双向电能转换装置，可将太阳电池产生的直流电能转换成交流电能供交流负载使用，也可在太阳能光伏系统不发电或发电不足时，将来自电力系统的交流电能（特别是电费便宜的深夜电能）转换成直流电能，储存在蓄电池中，或供直流负载使用。

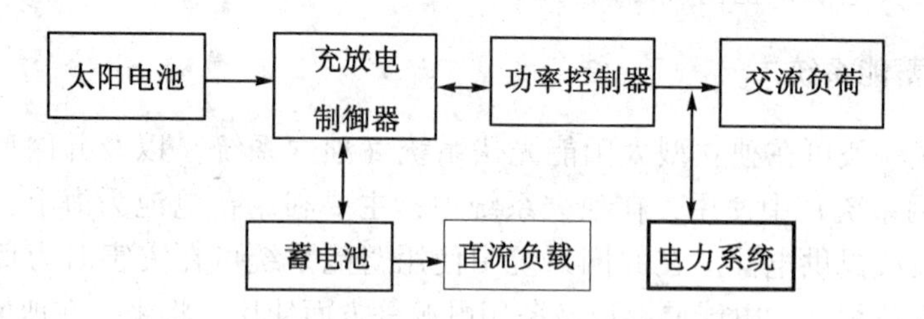

图 5.25　带蓄电池的并网型太阳能光伏系统

3. 家庭用蓄能系统

家庭用蓄能系统是指在屋内设置的家庭用蓄电池，主要在地震灾害、停电事故等时作为自备电源使用，除此之外可节省电费开支，利用新能源为电动摩托、电动车充电等。家庭用蓄能系统的外形如图 5.26 所示，它由蓄电池、蓄电池管理系统（含保护和控制电路）、直交转换装置、可与电网或家庭用太阳能光伏系统进行并网的并网装置组成，实现综合控制和管理。蓄电池可使用锂电池，也可使用大容量电容电池等。

图 5.26　家庭用蓄能系统

该系统具有如下特点。

（1）将家庭用蓄能系统接入电力系统，将夜间储存的电能在峰荷时送往电网以便削减峰值；也可储存较便宜的夜间电能，利用昼夜间的电费差，降低家庭的用电量和电费。

（2）将家庭用蓄能系统接入太阳能光伏系统，根据太阳能光伏系统的发电量与家庭电器的用电状况，由蓄电池储存剩余电能，控制家庭用蓄能系统，实现节能、削减二氧化碳排放的功能。

(3) 也可储存太阳能光伏系统的剩余电能，减少剩余电能对电力系统的影响，使供求关系平衡。

(4) 停电时家庭用蓄能系统可通过配电盘供电，作为紧急备用电源为家庭内的电器提供电能。

(5) 在智能电网中使用时，可对家庭用蓄能系统的工作状态、使用情况进行远距离管理。

4. 抽水蓄能系统

如图5.27所示，抽水蓄能电站由上蓄水池、下蓄水池、抽水发电系统（或可变速抽水发电系统）、大坝以及压力水管等构成。可变速抽水发电系统主要由水泵水轮机、发电电动机以及可变速励磁装置等组成，水泵水轮机可作为水泵运行，也可以作为水轮机运行，同样发电电动机可作为发电机运行，也可以作为电动机运行。可变速抽水发电系统可以对发电电动机的转速进行控制，改变水泵水轮机的转速以及抽水量，抽水运转时可根据系统的供求情况对发电电动机的输入功率进行微调。

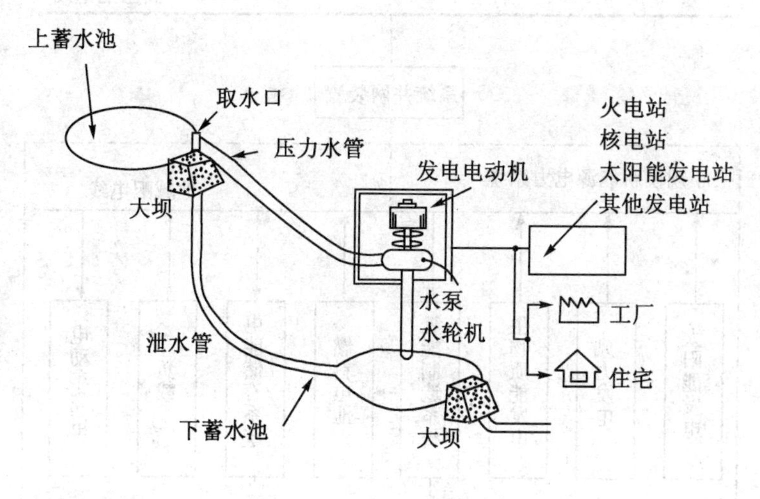

图5.27 抽水蓄能电站

如前所述，当大规模或大型太阳能光伏系统并网时，可利用太阳能光伏系统的剩余电能驱动电动机，带动水泵将下蓄水池的水抽到上蓄水池，而在傍晚或深夜，水轮机则利用上蓄水池的水能带动发电机发电，向负载供电或承担基荷。

抽水蓄能发电具有启动、停止迅速，负荷跟踪性能好等特点。可在电能消费的峰荷时间以及大型电源故障时作为紧急电源使用。除此之外，使用抽水蓄能发电的新方法，利用包括太阳能光伏发电在内的可再生能源所产生的电能，不仅可将大量的剩余电能移至傍晚或深夜使用，减轻大量的剩余电能对电网的影响，还可承担基荷部分的电能，减少核能、火力发电的出力，节省发电用能源，大大降低火力发电时二氧化碳的排放，减轻环境污染。

5.6 小规模新能源电力系统

图5.28为小规模新能源电力系统（New Energy Power System）。该系统由发电系统、氢能制造系统、电能储存系统、负载经地域配电线相连构成。该系统可以不与电网并网而独立运行，也可根据需要接入电网。发电系统包括太阳能光伏系统、风力发电、小型水力发电（如果有水资源）、燃料电池发电、生物质能发电等；负载包括医院、学校、公寓、写字楼等民用、公用负荷；氢能制造系统用来将地域内的剩余电能转换成氢能。当发电系统所产生的电能以及电能储存系统的电能不能满足负载的需要时，通过燃料电池发电为负载供电。

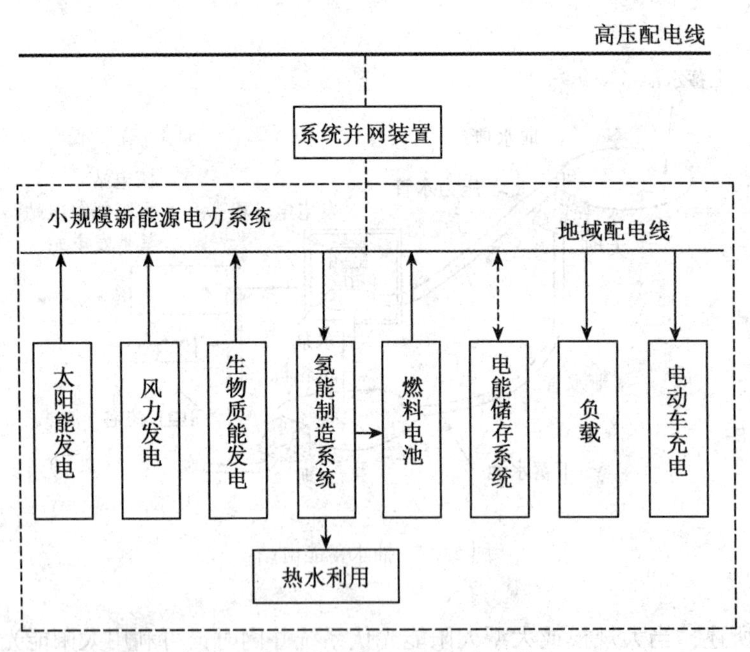

图5.28 小规模新能源电力系统

小规模新能源电力系统具有如下特点：

（1）与传统的发电系统相比，小规模新能源电力系统由太阳能、风能等可再生能源构成；

（2）由于使用可再生能源发电，因此不需要其他的发电用燃料；

（3）由于使用清洁的能源发电，因此对环保有利；

（4）可独立运行，实现自产自销，也可并网；

（5）氢能制造系统的使用一方面可以使地域内的剩余电力得到有效利用，另一方面可以提高系统的可靠性、安全性。

一般来说小规模新能源电力系统与电力系统相连可以提高小规模新能源电力系统供电的可靠性、安全性。但由于该系统有氢能制造系统和燃料电池以及电能储存系统，因此，需要对小规模新能源电力系统的各发电系统的容量进行优化设计，并对整个系统进行最优控制，以保证供电的可靠性、安全性，使其成为独立的小规模新能源电力系统。

随着我国经济的快速发展，对能源的需求越来越大，能源的迅速增加与环境污染的矛盾日益突出，因此清洁、可再生能源的应用是必然趋势。可以预见，小规模新能源电力系统与大电力系统同时共存的时代必将到来，使现在的电力系统、电源的构成等发生很大变化。

5.7　聚光式太阳能光伏系统

如前所述，积层太阳电池由多种不同种类的太阳电池组成，虽然转换效率较高，但成本也高，主要用于卫星、空间实验站等宇宙空间领域。由于大面积的积层太阳电池组件在地面上难以应用，但如果使用成本较低的反光镜（如凸透镜）进行聚光，小面积的电池芯片也可产生足够的电能，因此可将宇宙空间使用的积层太阳应用于地面的太阳能光伏系统中。本节主要介绍聚光比与电池的转换效率的关系、聚光式太阳电池的构成及发电原理、聚光式太阳能光伏系统的优缺点、跟踪式太阳能光伏系统以及应用等。

5.7.1　聚光比与转换效率

在聚光式（Concentrating PV System）太阳能光伏系统中，太阳电池芯片一般采用InGaP/InGaAs、GaAs以及硅太阳电池，图5.29为不同芯片的聚光比与转换效率的关系，聚光比（Concentration Ratio）是指聚光的辐射强度与非聚光的辐射强度之比。聚光型太阳电池芯片的短路电流密度与聚光比成正比，开路电压随聚光比的对数的增加而缓慢增加，而且填充因子也随聚光比的增加而增加，所以与非聚光太阳电池芯片相比，聚光比的增加可使聚光太阳电池芯片的转换效率增加。

由图5.29可知，非聚光时，硅芯片的转换效率为18%、GaAs芯片的转换效率为24%，InGaP/InGaAs/Ge三接合芯片的转换效率为32%，而在聚光时，硅芯片的聚光比为100时转换效率23%，GaAs芯片的聚光比为200时转换效率为29%，

InGaP/InGaAs/Ge 三接合芯片的聚光比为 500 时转换效率为 40%，可见，使用不同的材料的太阳电池芯片时，聚光比越高则转换效率越高。另外，芯片的转换效率起初随聚光比增加而上升，在某聚光比时转换效率达到最大值后随后降低，且串联电阻 R_s 越小，转换效率的最大值越大。

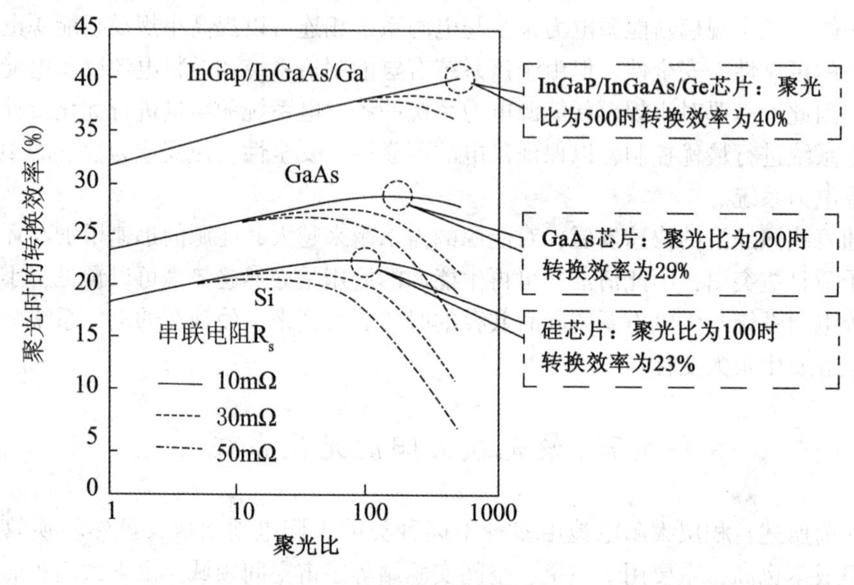

图 5.29　聚光比与转换效率

5.7.2　聚光式太阳电池的构成及发电原理

图 5.30 为聚光式太阳电池的构成，它主要由太阳电池芯片、凸透镜（Fresnel Lens）等构成，图中使用一次凸透镜和二次凸透镜的目的是为了提高聚光效率。其发电原理是：使用凸透镜聚集太阳光（目前聚光比可达 550 倍左右），然后将聚光照射在安装于焦点上的小面积太阳电池芯片上发电，由于照射到太阳电池芯片上的光能量密度非常高，半导体内部的能量转换效率也高，所以可大幅提高太阳电池的转换效率。需要指出的是聚光式太阳电池主要利用太阳光的直达成分的光能，云的反射等间接成分的光能则无法利用。

聚光式太阳电池与常见的黑色或蓝色的太阳电池不同，它的表面由具有透明感的透镜构成，采用凸面反射镜进行聚光，目前塑料制凸透镜为主流。太阳电池芯片一般使用转换效率高、耐热性能好的化合物太阳电池，芯片的转换效率已经达到 43.5%以上，将来预计可达 50%左右。

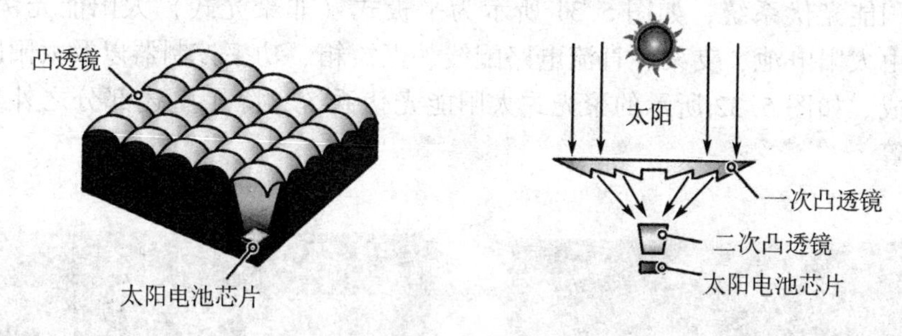

图5.30　聚光式太阳电池的构成

5.7.3　聚光式太阳能光伏系统的特点

聚光式太阳能光伏系统的优点：①可大幅减少太阳电池的使用量，只有平板式系统太阳电池使用量的千分之一；②可大大提高太阳电池的转换效率；③由于使用太阳跟踪系统，使太阳电池始终正对太阳，因此可使发电量增加；④跟踪需要动力，一般为太阳电池输出功率的1%以下；⑤由于跟踪式太阳电池之间留有间隔，相互不会发生碰撞，系统可以安装在空地、绿地上，且不会影响草地的生长。

聚光式太阳能光伏系统的缺点：①最大的缺点是发电出力受气候的影响较大，出力变动较大，对电力系统的影响较通常的太阳能光伏系统大；②太阳电池表面温度较高；③不适应于年日照时间低于1800h的地域；④安装时需要进行缜密的实地调查以及发电量预测；⑤与晶硅系、薄膜太阳电池比较，生产实绩和安装实绩较少；⑥目前聚光式太阳能光伏系统主要安装在地面，与屋顶安装的晶硅系、薄膜太阳电池用支架比较，支架重量较重。

5.7.4　跟踪式太阳能光伏系统

太阳能光伏系统的出力与太阳的光照强度密切相关，聚光式太阳电池主要利用垂直于凸透镜的平行光线发电，为了获得最大出力有必要使太阳电池的倾角和方位角与太阳保持一致，这就需要使用太阳跟踪系统使太阳电池始终跟踪太阳，以提高太阳电池方阵的发电量。

跟踪式太阳能光伏系统（PV System）根据跟踪方式不同可分为单轴（1轴）和双轴（2轴）跟踪，单轴跟踪是指调整太阳电池板的倾角使之与太阳的高度保持一致，而双轴跟踪是指调整太阳电池板的倾角以及方位角使之与太阳的方位和高度保持一致。太阳跟踪系统可分为平板式（无聚光）系统和聚光式系统两种，单轴和双轴跟踪可用于平板式和聚光式太阳能光伏系统。

跟踪式太阳能光伏系统可分为平板式（非聚光式）太阳能光伏系统以及聚光式太阳能光伏系统，如图 5.31 所示为平板式（非聚光式）太阳能光伏系统，它主要由太阳电池、支架、直流电路配线、汇流箱、功率控制器以及太阳跟踪系统等构成。如图 5.32 所示的聚光式太阳能光伏系统，除了上述部分之外还有聚光装置等。

图 5.31 单轴跟踪式系统（非聚光式）

图 5.32 双轴跟踪式系统（聚光式）

太阳跟踪系统由光传感器、驱动电机、驱动机构、蓄电池以及控制装置等构成。跟踪原理一般有两种：一种是利用光传感器检测太阳的位置，控制驱动轴，使太阳电池正对太阳；另一种是程序方式，即根据太阳电池安装的经纬度和时刻计算出太阳的位置，控制驱动轴使太阳电池正对太阳。

驱动电机一般采用无刷直流电机，如步进电机等，旋回方向年平均一日一回，倾斜方向 1 日 1/3 回转，跟踪用电机的消费电力非常小，大约为太阳电池输出功率的 1%以下。蓄电池一般采用铅蓄电池、锂电池、EDLC 等。控制装置可对发电进行控制，出现严重故障时可使跟踪系统停止，并使系统的出力停止。除此之外，当强风、台风出现时，控制装置可调整太阳电池的角度使其承受的风压最小，并使系统停止运行。

5.7.5 聚光式太阳能光伏系统的应用

2008 年 10 月，16MW 的系统已在西班牙投入运行，聚光比约 500 倍，转换效率为 20%~28%，约是晶硅系组件的 2 倍，芯片单位面积的发电量为晶硅系组件的 100 倍。

有关聚光式太阳电池发电特性，一般来说，通常的太阳电池的面积越大、由组件构成的方阵越大，则转换效率会变低，而对聚光式太阳电池而言，由多个相同芯片构成的组件仍具有较高的转换效率，填充因子在 0.8 以上。

聚光式太阳电池的温度系数较低，一般为 0.17%/K，是多晶硅电池的 1/3，CIGS 薄膜电池的 1/4，大气温度较高时对其出力电压几乎没有影响。由于聚光式太阳电池采取跟踪方式以及温度系数较低，所以聚光式太阳能光伏系统的发电出力在午后到傍晚较大，是相同面积的晶硅太阳电池的出力的 2 倍左右，因此聚光式太阳能光伏系统可在夏季电力需要的峰期为负载提供更多的电能。

第6章　太阳能光伏系统的基本构成

太阳能光伏系统在住宅、公共以及产业等领域得到越来越广泛的应用，特别是住宅用太阳能光伏系统的应用发展比较快。根据应用领域的不同，太阳能光伏系统的构成也不同。本章主要介绍太阳能光伏系统的特点、基本构成、工作原理等。

6.1　太阳能光伏系统的特点

太阳能光伏系统所利用的能源是太阳能，由半导体器件构成的太阳电池是该系统的核心部分，太阳能光伏系统实际应用时一般作为分散电源使用，因此，太阳能光伏系统具有如下特点：

1. 从所使用的能源来说，太阳能发电所使用的能源是太阳能。由于太阳能的总量极其巨大，因此它是一种取之不尽、用之不竭的能源。它不产生排放物、无公害，是一种清洁能源。而且它可以在地球上的任何地方使用，因此使用非常方便。但使用这种能源发电出力会随季节、天气、时刻的变化而变化；

2. 太阳能发电使用的是固体静止装置；发电时无可动部分，无噪音，检修维护简便；太阳电池以模块为单位，可根据用户的需要方便地选择所需容量；组件可大量生产，使成本降低；由于重量较轻，可安放在房顶、墙面、空地等处，可有效利用土地；不需要运送燃料，偏远地区可方便使用；建设周期短，设计、规划比较灵活；

3. 由于太阳能光伏系统可作为一种分散型发电系统，离负荷较近，所以输电损失以及输电成本较低；可根据当地的负荷情况灵活地选择系统的容量；可使电源多样化，提高电力系统的可靠性；可改善配电系统的运转特性，如实现高速控制、无功功率控制等。

6.2　太阳能光伏系统的基本构成

图6.1为太阳能光伏系统的构成，太阳能光伏系统主要由太阳电池方阵、功率控制器、蓄电池（根据情况可不用）、负载以及控制保护装置等构成。

太阳电池方阵接收来自太阳的光能产生直流电能。功率控制器由逆变器、并网装置、系统监视保护装置以及充放电控制装置等构成，主要用来将太阳电池所产生的直流电转换成交流电等。蓄电池则储存剩余电能，当太阳电池不发电时或电能不足时供负载使用。由于该系统的装置在实际应用时会根据利用的情况而变，因此，太阳能光伏系统一般由太阳电池、功率控制器以及蓄电池等外围设备构成。

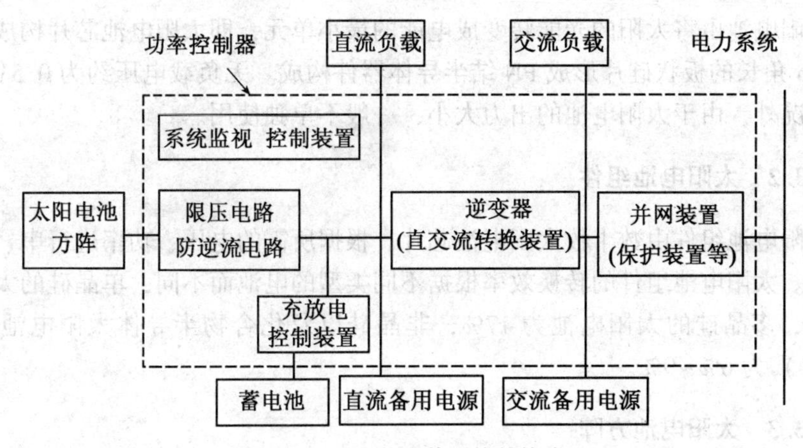

图 6.1 太阳能光伏系统的构成

图 6.2 为住宅用并网型太阳能光伏系统，它由太阳电池方阵、功率控制器、汇流箱、配电盘、卖电、买电用电度表以及支架等设备构成。这些设备的构成、功能、原理等将在以后的章节中详细叙述。

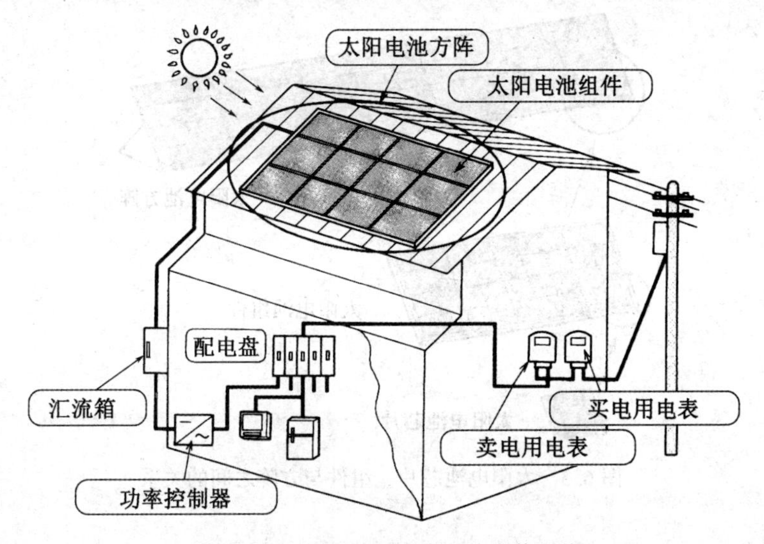

图 6.2 住宅用并网型太阳能光伏系统

6.3　太阳电池芯片、组件及方阵

6.3.1　太阳电池芯片

太阳电池由将太阳的光能转变成电能的最小单元，即太阳电池芯片构成。它由约10cm角长的板状硅片形成PN结半导体器件构成。无负载电压约为0.5V。除了特殊情况外，由于太阳电池的出力太小，一般不单独使用。

6.3.2　太阳电池组件

太阳电池组件由数十枚太阳电池芯片，根据所需的电压、功率进行串、并联组合而成。太阳电池组件的转换效率根据不同类型的电池而不同，单晶硅的太阳电池为22%，多晶硅的太阳电池为17%，非晶硅以及化合物半导体太阳电池（CdS，CdTe等）为6%~9%。

6.3.3　太阳电池方阵

对太阳电池组件进行必要的组合，然后安装在屋顶等处而构成的太阳电池全体称为太阳电池方阵（Solar Array）。一般来说，太阳电池方阵由多枚太阳电池组件经串、并联而成的组件群以及支撑这些组件群的支架构成。图6.3为太阳电池芯片、太阳电池组件以及太阳电池方阵之间的关系。

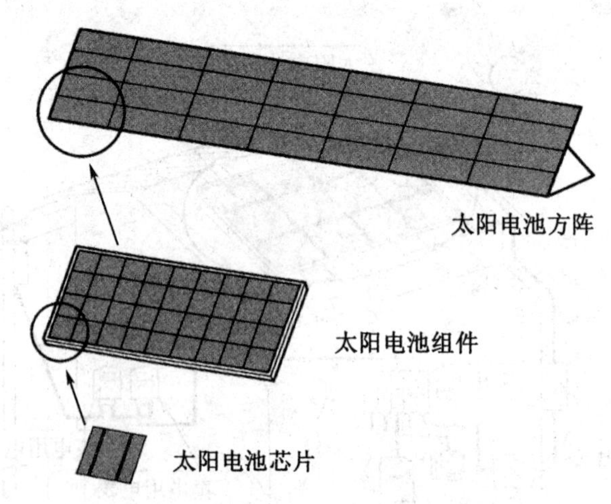

图6.3　太阳电池芯片、组件与方阵之间的关系

太阳电池方阵由多枚太阳电池组件根据所需的直流电压以及出力进行串联、并

联而成，一般用金属构件将太阳电池组件固定在屋顶等处。太阳电池方阵的面积，如设置 3kW 的太阳能光伏系统一般需要 25~30m^2 的屋顶面积。当然，使用功率较大的太阳电池组件时，所需太阳电池方阵的面积会减少。

太阳能光伏系统的容量用标准条件下的太阳电池方阵的出力来表示。由于太阳能光伏系统的出力受日照强度、温度的影响，为了统一标准，一般用日照强度为 1kW/m^2，AM 为 1.5，温度为 25℃ 的所谓标准条件时的最大出力作为标准太阳电池方阵的出力。

6.3.4　太阳电池方阵的电路构成

太阳电池方阵的电路图如图 6.4 所示，由太阳电池组件构成的串联组件支路 (String)、阻塞二极管（Blocking Diode）D_s、旁路二极管（Bypass Diode）D_b 以及接线盒等构成。串联组件支路是根据所需输出电压将太阳电池组件串联而成的电路。各串联组件支路经阻塞二极管并联构成。

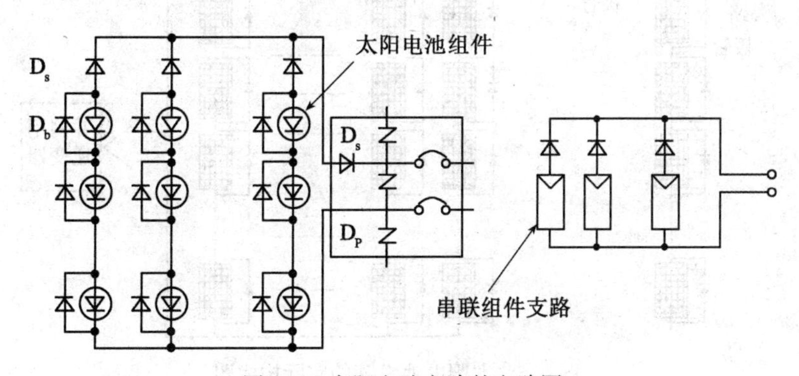

图 6.4　太阳电池方阵的电路图

当太阳电池组件被鸟粪、树叶、阴影覆盖的时候，太阳电池组件几乎不能发电。此时，各串联组件支路之间的电压会出现不相等的情况，使各串联组件支路之间的电压失去平衡，导致各串联组件支路之间以及方阵间环流发生以及逆变器等设备的电流流向方阵的情况。为了防止逆流现象的发生，需在各串联组件支路串联阻塞二极管。

阻塞二极管一般装在汇流箱内，也有安放在太阳电池组件的接线盒内的。选用阻塞二极管时，一般要考虑阻塞二极管能通过所在回路的最大电流，并能承受该回路的最大反向电压。由于半导体元件的电气特性随使用温度的变化而发生变化，因此，应合理估计使用温度并选择合适的阻塞二极管。当然，也可不用阻塞二极管，而使用继电器达到防止逆流的目的。

另外，各太阳电池组件都接有旁路二极管。当太阳电池方阵（故障组件）的一部分被阴影遮盖或组件的某部分出现故障时，使电流不流过未发电的组件而流经旁路二极管，并为负载提供电力。如果不接旁路二极管的话，串联组件支路的输出电压的合成电压将对未发电的组件形成反向电压，出现局部发热点（Hot Spot），一般称这种现象为热斑效应，它会使全方阵的输出下降。

一般地，1~4 枚组件并联一个旁路二极管，安装在太阳电池背面的接线盒的正、负极之间。选择旁路二极管时应使其能通过串联组件支路的短路电流，反向耐压为串联组件支路的最大输出电压的 1.5 倍以上。由于使用温度的影响，应选择额定电流稍大的旁路二极管。目前，市场上销售的太阳电池组件一般已装有旁路二极管，设计时则不必考虑。最近的太阳电池组件，每枚太阳电池组件具有旁路的功能。

图 6.5 为太阳电池方阵的实际构成图，如图左边的部分所示为串联组件支路，右边部分根据所需容量将多个串联组件支路并联而成，然后与并网用逆变器（功率控制器）相连。

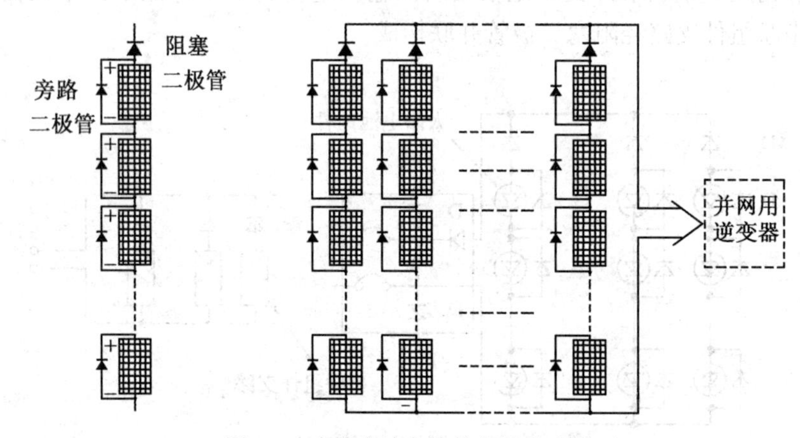

图 6.5　太阳电池方阵的实际构成图

6.4　功率控制器

功率控制器（Power Conditioner System，PCS）是太阳能光伏系统中最重要的部件之一，它具有将直流电能转换成交流电能、并网、控制、保护等功能。早期的功能控制器一般装有绝缘变压器，但现在一般不带绝缘变压器。带绝缘变压器的功率控制器如图 6.6 所示，它由逆变器、事故保护系统、并网保护装置以及绝缘变压器等构成。逆变器的功率转换部分使用功率半导体元件将直流电能转换成交流电能，控制装置的作用是控制功率转换部分，保护装置用来对内部故障进行处理，绝缘变压器用来使功率控制器与电网分离。图 6.7 为带绝缘变压器功率控制器的外观。

图 6.8 为无绝缘变压器功率控制器的原理图，它主要由整流器、逆变器、电压电流控制、MPPT 控制、系统并网保护、孤岛运行检测等电路以及继电器等构成，

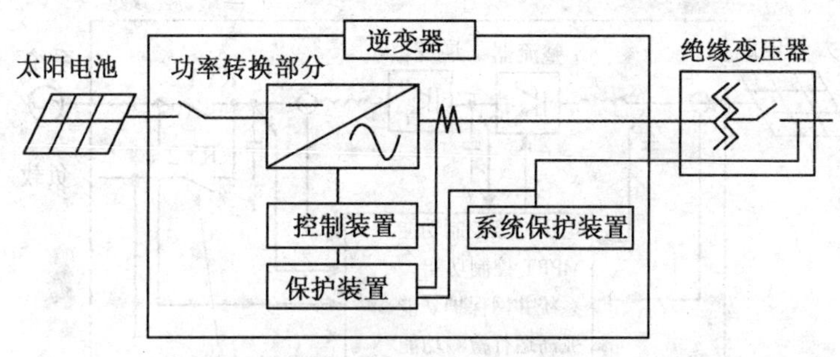

图6.6　功率控制器的构成

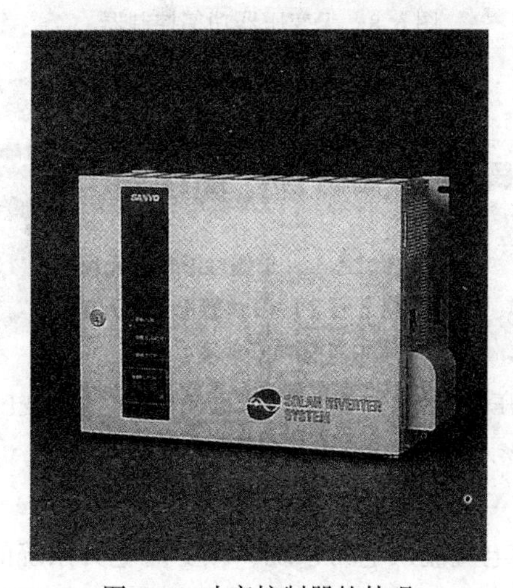

图6.7　功率控制器的外观

该功率控制器的最大特点是它没有绝缘变压器，因此重量较轻，可以挂在幕墙上，也可以安装在室外的太阳电池组件的背面，节约安装空间。图6.9（a）为墙挂式无变压器功率控制器，图6.9（b）为住宅用无变压器功率控制器。

6.4.1　逆变器

太阳能光伏系统中使用的逆变器（Inverter）是一种将太阳电池所产生的直流电能转换成交流电能的转换装置。它使转换后的交流电的电压、频率与电力系统的电压、频率一致。常见的有正弦波形、模拟正弦波形以及矩形波形等种类。逆变器的功能如下：

（1）尽管太阳电池的输出电压、功率受太阳电池的温度、日照强度的影响，但逆变器可使太阳电池的出力最大；

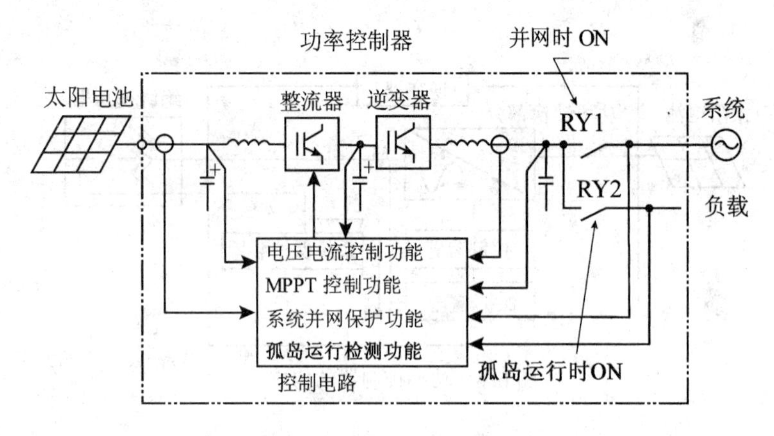

图 6.8 无变压器功率控制器

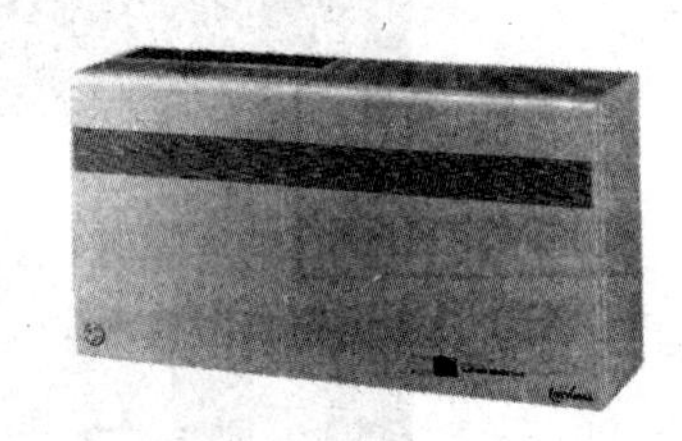

（a）壁挂式无变压器功率控制器　　（b）住宅用无变压器功率控制器

图 6.9 无变压器功率控制器

（2）抑制高次谐波电流流入电力系统，减少对电力系统的影响；

（3）当剩余电能流向电力系统时，能对电压进行自动调整，维持负载端的电压在规定的范围之内。

逆变器有电压型（Voltage Source Type）、电流型（Current Source Type）等多种型式。逆变器的直流侧的电压保持一定的方式称为电压型，直流侧的电流保持一定的方式称为电流型，太阳能光伏系统一般使用电压型逆变器。交流输出的控制方法有两种：电流控制方法和电压控制方法。独立型太阳能光伏系统一般用电压控制型（Voltage Control Type）逆变器，系统并网型太阳能光伏系统一般用电流控制型（Current Control Type）逆变器，即电流控制电压型逆变器。

1. 逆变器的原理

如图 6.10 所示，逆变器由三极管或 IGBT 等开关元件构成，控制器使开关元件有一定规律地连续开（ON）、关（OFF），将正（或负）的直流切断，然后使极性正负交替，最后将直流输入转换成交流输出。

图 6.11 所示为逆变器将直流电转换成交流电的过程。半导体元件以 1/100 秒

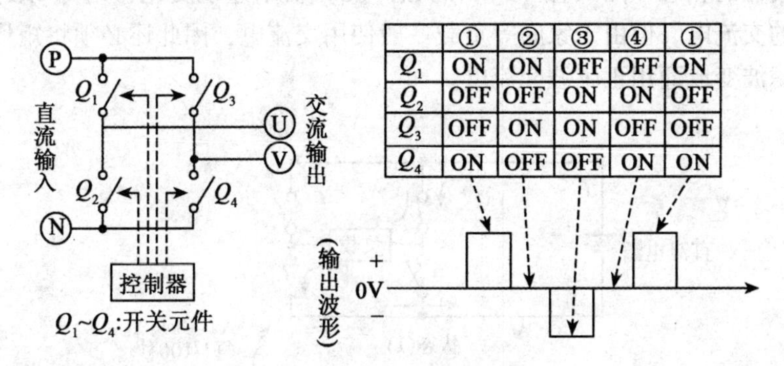

	①	②	③	④	①
Q_1	ON	ON	OFF	OFF	ON
Q_2	OFF	OFF	ON	ON	OFF
Q_3	OFF	ON	ON	OFF	OFF
Q_4	ON	OFF	OFF	ON	ON

图 6. 10　逆变器的原理

的速度开关，将直流切断，将其中一半的波形反向而得到矩形的交流波形，然后经过滤波（使矩形的交流波平滑），最后得到交流波形。

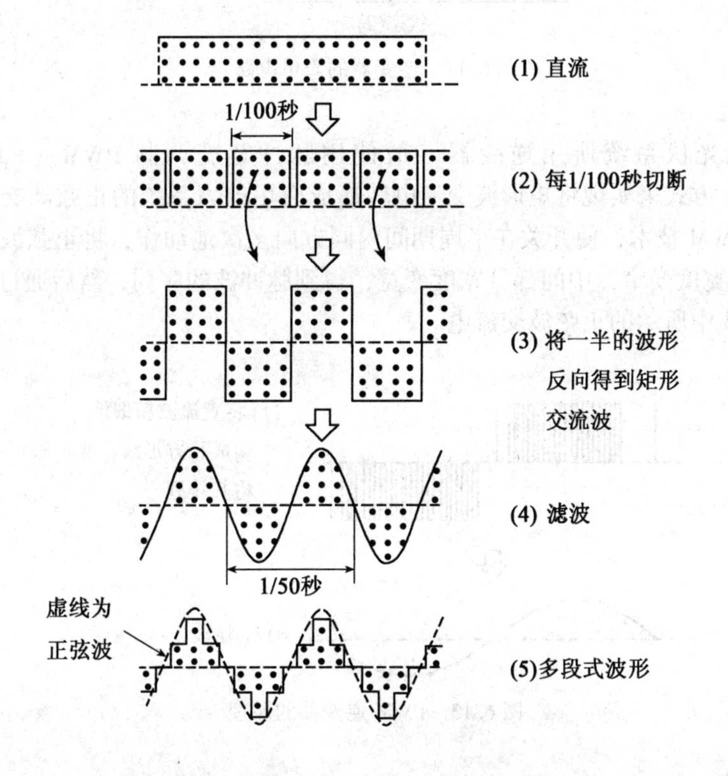

图 6. 11　逆变器将直流电转换成交流电的过程

最简单的逆变器电路如图 6. 12 所示。如果使半导体元件开关以 1/100 秒的速度进行，极性的状态如图状态（1）和状态（2）所示连续变化，则可以得到50Hz的矩形波的交流电。但由于家庭等负载一般使用交流电，因此还必须将矩形波的交流电经过滤波变成商用正弦波交流电。

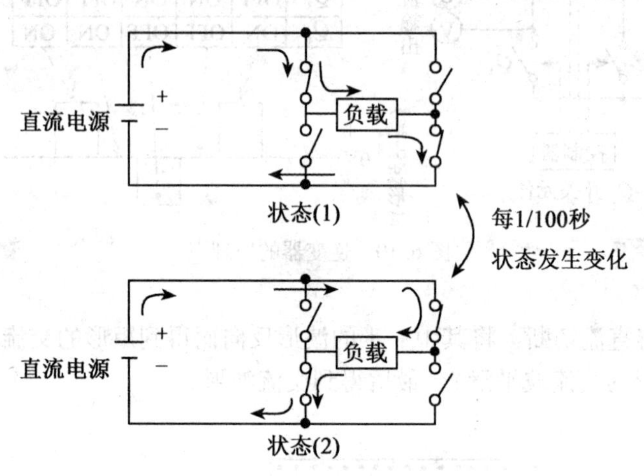

图6.12　逆变器的简单电路

太阳能光伏系统所用逆变器一般使用脉冲宽度调制PWM（Pulse Width Modulation）方式来实现将矩形波交流电转换成商用电力系统的正弦波交流电。即利用高频PWM技术，使开关在半周期间内同方向多次地动作，将正弦波两端附近地方的电压宽度变窄，中间部分宽度变宽，得到脉冲波的序列，然后通过滤波器则得到图6.13中所示的正弦波交流电。

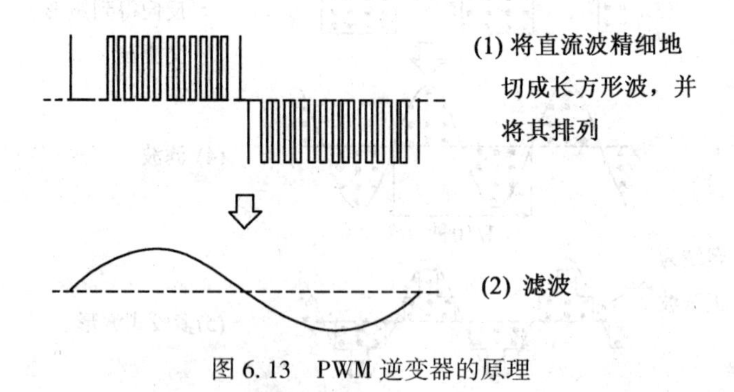

图6.13　PWM逆变器的原理

与系统并网的逆变器是如何将太阳电池产生的电力送往电力系统的呢？其原理是先与系统电源侧同期，然后调整系统侧电压与逆变器输出电压（滤波器前）之间的相位，以调整功率和电流的流向。当逆变器侧的电压的相位超前系统侧的电压的相位时，则向系统侧送电；相反，若逆变器侧的电压的相位滞后系统侧的电压的相位，并且逆变器侧有负载的话，则系统向逆变器侧送电。

下面介绍系统并网逆变器的输出功率调整方法。图 6.14 为电流控制电压型逆变器电路。图中 e_i 为逆变器输出电压，e_L 为电抗器的电压，e_c 为系统电压，i_c为逆变器的输出电流，电抗器 L 称为并网电抗器。

逆变器始终监视系统的电压，如果要增加输出功率，可使半导体元件的触发时间提前，使逆变器的输出电压的相位超前系统侧的电压的相位。由图 6.15 所示的系统并网逆变器的输出矢量图可知，如果使误差信号的相位超前，系统电压 e_c与逆变器的输出电压 e_i 的相位角 θ 增加，可使输出功率增加。

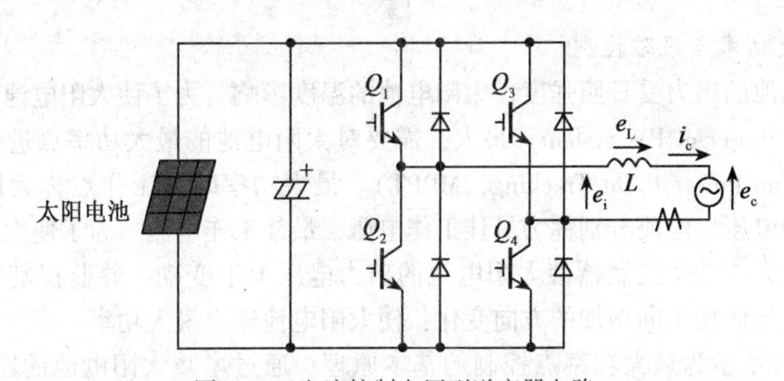

图 6.14　电流控制电压型逆变器电路

图 6.15 的矢量图表示逆变器的输出电压、输出电流以及系统电压之间的关系。可利用控制手段使逆变器的输出电流 i_c 始终与系统电压 e_c 同向，电抗器的电压 e_L 与逆变器的输出电流 i_c 始终保持 90°的关系并使其超前工作。

逆变器的输出功率为：

$$P = e_c . i_c \tag{6.1}$$

电抗器 L 的阻抗为 ωL，则：

$$i_c = e_L / (\omega L) \tag{6.2}$$

根据系统并网逆变器的输出矢量图可知：

$$e_L = e_i \sin\theta \tag{6.3}$$

将（6.2）、（6.3）式代入（6.1）式，则可得出逆变器的输出功率：

$$P = \frac{e_c e_i \sin\theta}{\omega L} \tag{6.4}$$

由上式可知，控制系统电压 e_c 与逆变器的输出电压 e_i 的相位角 θ，则可控制逆变器的输出功率。下面将要介绍的最大功率点跟踪控制与此方法基本一样，即利用自动控制技术，监视最大功率并调整相位角 θ，使太阳电池的输出功率最大。

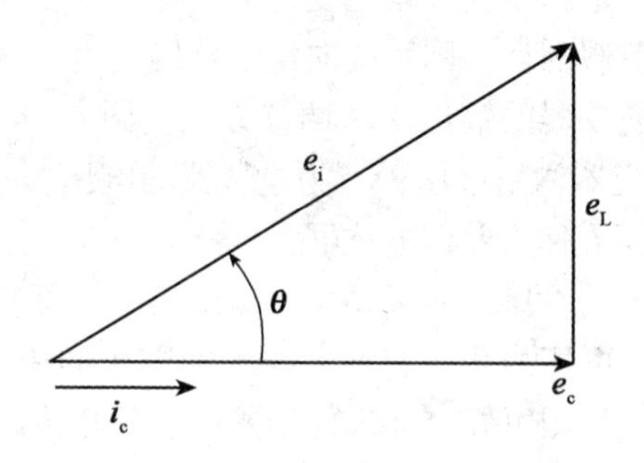

图 6.15 系统并网型逆变器的输出矢量图

2. 最大功率点跟踪控制

太阳电池的出力受日照强度、太阳电池的温度影响，为了使太阳电池的输出功率（Output Power of PV System）最大，需要对太阳电池的最大功率点进行跟踪控制（Maximum Power Point Tracking，MPPT）。最大功率时的工作点称为最佳工作点，此时的电压、电流分别称为最佳工作电压、最佳工作电流。为了使太阳电池的输出功率最大，功率控制器使太阳电池的出力电压上下变动，并监视其功率的变化，改变电压使功率向增加的方向变化，使太阳电池输出最大功率。

图 6.16 所示为最大功率点控制的基本原理。通过增减太阳电池的输出电流，使电压变化，测出相应的输出功率，然后找出最大功率点，使太阳电池的出力最大。例如，当 *A* 点在最佳工作电压以上运行，*B* 点在最佳工作电压以下运行时，无论哪种情况都朝向最佳工作电压的 *O* 点移动。但是，当日照强度变化时，功率的变化与电压的操作无关，因此很难推算最佳工作电压。此时可根据多次电压操作、功率监视等，当判断为日照变化中时，则暂时停止最佳工作电压的推算。由于太阳电池的出力最大值随日照量的变化而变化，因此工作点也随之变化。为了使太阳电池的出力最大，因此功率控制器的运行条件也必须随之改变。

太阳电池组件的输出功率与太阳电池的温度、日照强度有关，图 6.17 为太阳电池的温度与输出功率的关系，图 6.18 为日照强度与输出功率的关系。由图可以看出，太阳电池的温度越高，日照强度越弱，则输出功率越小。因此，当这些条件变化时，由于输出功率的最佳工作点发生变化，所以有必要随温度、日照强度变化而相应地改变太阳电池组件的工作点，即利用让太阳电池组件在图 6.17、图 6.18 所示的 *A*、*B*、*C*、*D* 点的最大功率点处运行。即利用最大功率点跟踪控制。

由于在电压-功率（*V*-*P*）特性曲线上存在输出功率最大点，为了使出力工作在最大功率点，有必要进行最大功率点跟踪控制（MPPT）。最大功率点跟踪控制有登山法、扫描法、d*V*/d*I* 法、二值比较法以及遗传式算法等，这里主要介绍登山法。

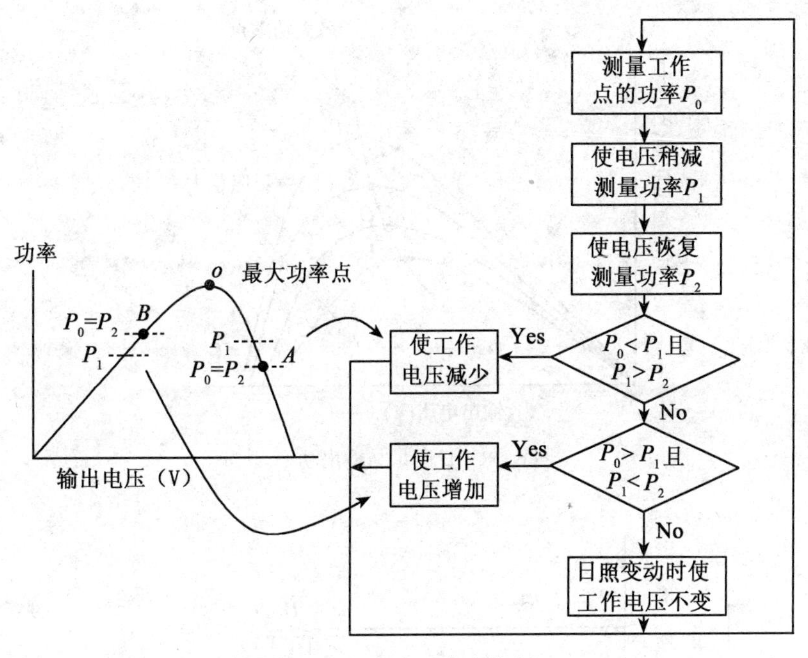

图 6.16　最大功率点控制

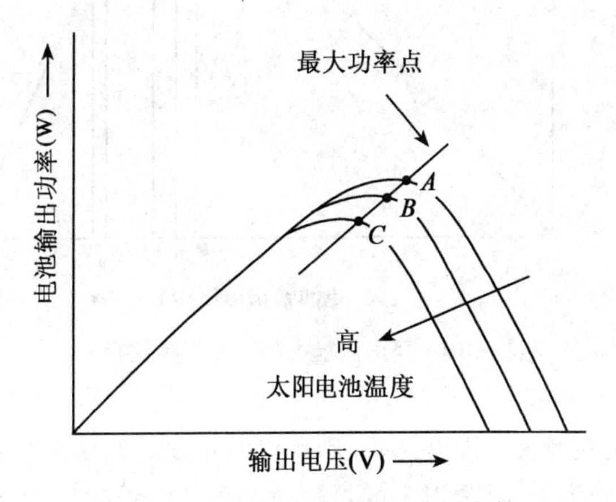

图 6.17　太阳电池的温度与输出功率

登山法的原理如图 6.19 所示。最初，功率控制器控制其输出电压与太阳电池的输出电压（以下称目标输出电压）V_A 一致，当太阳电池的实际输出电压与 V_A 一致时，测出此时的太阳电池的输出功率 W_A，然后将目标输出电压移至 V_B 处，同样功率控制器控制其输出使实际输出电压与 V_B 一致，测出此时的太阳电池的输出功

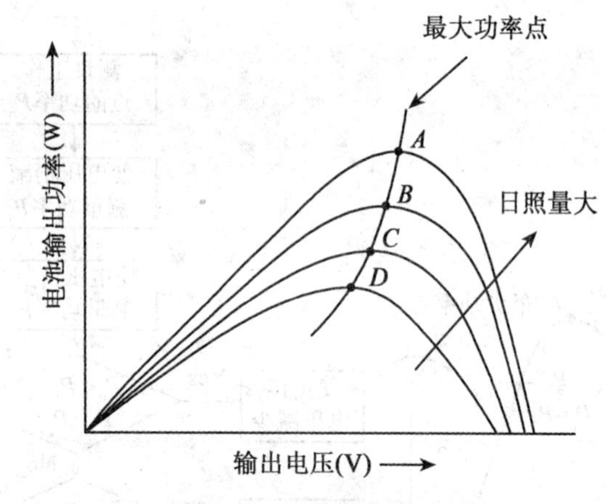

图 6.18 日照量与输出功率

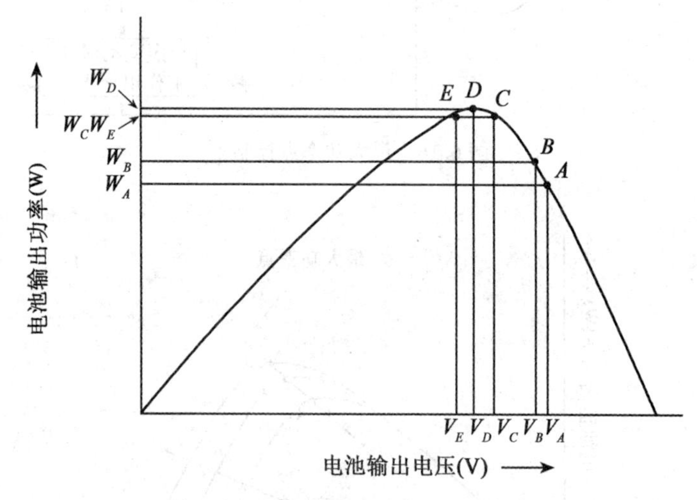

图 6.19 登山法最大功率点跟踪控制

率 W_B，如果输出功率增大，即 $W_B>W_A$ 则可以断定此时的功率并非最大功率点，然后将目标输出电压变为 V_C 重复以上的过程。

这样，同样地进行重复判断，最后到达最大功率点 D 点，再从 D 点往前，然后将目标输出电压变为 V_E，此时输出功率 W_E 变小，因此可知超过了最大功率点（D 点）。此时，将目标输出电压返回到 V_D，测出此时的输出功率，如果 W_D 大于 W_E，再将目标输出电压返回到 V_C，同样测出此时的输出功率，如果 W_D 大于 W_C，可知又超过了最大功率点 D 点。这样不断地重复以上的过程使其在最大功率点 D 点附近运行，使太阳电池的输出功率最大。这种方法不适用于当太阳电池的输出功率曲线存在2个以上峰值曲线的情况，为了对应这种情况，可使用扫描法。

3. 自动运行停止功能

当太阳冉冉升起，日照强度不断增大，达到可以输出电能的条件时，逆变器开始自动运行，监视太阳电池的出力，并在满足可输出电能的条件下连续运行。如果出现阴天等情况，太阳电池的出力变小，逆变器的出力接近0W时，逆变器进入待机状态，日落时逆变器自动停止运行。

4. 自动电压调整功能

一般的家庭所使用的电压为220V的交流电，为了使配电线的电压维持在一定的范围之内，电气公司采用了比较复杂的控制方式。但是，当系统并网型太阳能光伏系统与电力系统并网并处在反送电运行状态时，如果并网点处的电压超过电力系统的允许范围，需要有自动电压调整以防止并网点的电压上升。但对于小容量的太阳能光伏系统来说，由于几乎不会引起电压上升，所以一般省去此功能。

自动电压调整功能有两种方法，一个是超前相位无功功率控制方法，另一个是出力控制方法。

（1）超前相位无功功率控制

系统并网逆变器一般在功率因素为1的条件下运行，即逆变器输出电流的相位与电力系统的电压同相。但是，并网点处的电压上升并超过超前相位无功功率控制所设定的电压时，逆变器的输出电流的相位超前电力系统的电压的相位，从系统侧流入的电流为滞后电流，因此使并网点处的电压下降，此时需要进行超前相位无功功率控制。超前相位无功功率控制可使功率因素达到0.8，电压上升的抑制效果可达2%~3%的程度。

（2）出力控制

由于超前相位无功功率控制只能使电压上升的抑制效果达2%~3%的程度，如果系统电压继续上升，此时必须抑制太阳能光伏系统的出力，即出力控制以防止并网点处的电压上升。

5. 系统并网控制

系统并网控制的目的是使功率控制器的交流输出的电压值、波形、交流电流中所含的高次谐波电流在规定范围值以内，从而避免对电力系统造成大的影响。

为了满足上述要求，需要对交流输出功率的电压、电流进行控制。图6.20为系统并网控制方块图。由图可知，首先取出实际系统交流电压，并作为逆变器的交流输出电压的目标值。功率控制器时常取太阳电池方阵的最大出力，决定最大功率点工作时的太阳电池方阵的目标输出电压，并与实际输出电压进行比较、运算，PID运算器计算出系统输出电流的目标值，即目标系统电流值。然后，将目标系统电流与实际系统电流比较，根据运算差分值，PI控制器修正逆变器的PWM导通宽度以控制实际系统电流始终与目标系统电流相同。

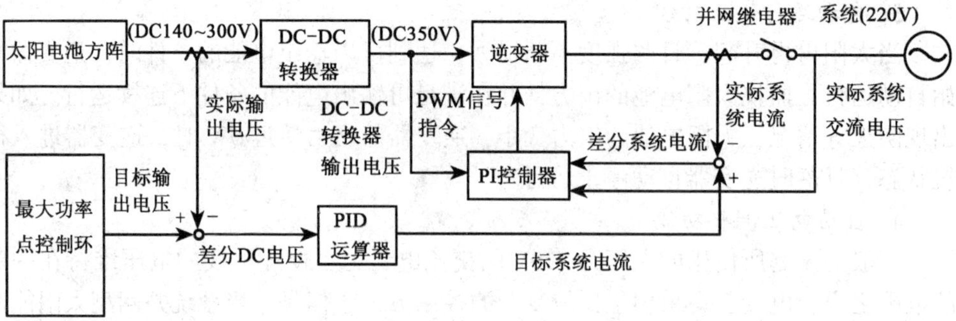

图 6.20　系统并网控制方块图

6.4.2　逆变器的绝缘方式

为了防止太阳电池的直流电流流向电力系统的配电线，给电力系统造成不良影响，在逆变器中一般设有绝缘变压器，将太阳电池与电力系统之间的直流分离，而交流则通过变压器相连接，以防止逆变器故障或太阳电池组件的绝缘不良而影响电力系统。绝缘变压器可以设置在逆变器与住宅内配线之间，但这种方式很少采用，目前一般采用在逆变器的功率转换部分设置绝缘变压器，或者采用无绝缘变压器的方式。

逆变器中所使用的绝缘方式有如下三种：

（1）低频变压器绝缘方式（工频变压器绝缘方式）（Utility Frenquency Link Type）；

（2）高频变压器绝缘方式（High Frenquency Link Type）；

（3）无变压器绝缘方式（Transformerless Type）。

与低频变压器绝缘方式相比，高频变压器绝缘方式具有体积小、重量轻的特点，但由于无变压器绝缘方式除了具有体积小、重量轻的特点外，还具有效率高、价格低的特点，所以无变压器绝缘方式越来越被广泛地应用。

1. 低频变压器绝缘方式（工频变压器绝缘方式）

该电路的输入是太阳电池的直流输出，经 PWM 正弦波逆变器变成工频后通过工频绝缘变压器输出电压，如图 6.21 所示。但由于绝缘变压器的体积、重量较大，一般不用于屋顶太阳能光伏系统。

2. 高频变压器绝缘方式

高频变压器绝缘方式的电路如图 6.22 所示，该电路由太阳电池直流输入，经过高频逆变器转换成高频交流电压，然后经高频变压器绝缘、电压变换后，经由高频二极管构成的整流电路转换成直流电。这里使用了高频耦合 DC/DC 转换器。直流输出通过 PWM 正弦波逆变器转换成工频交流输出。

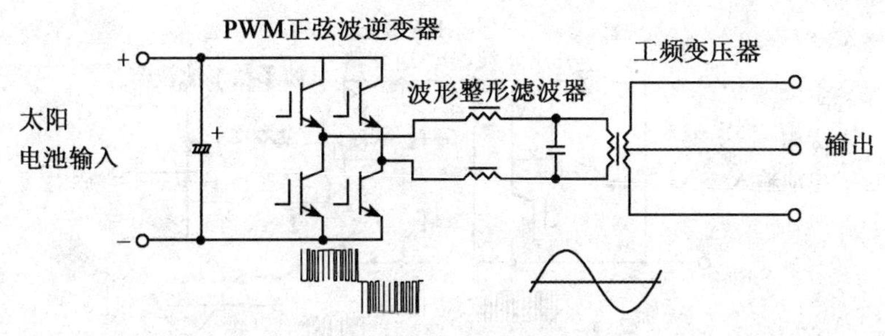

图 6. 21　低频变压器绝缘方式

由于采用了高频耦合方式，所以装置小、重量轻。与低频变压器绝缘方式相比，电路构成、控制方式比较复杂，由于经过两次转换，所以系统的效率稍稍偏低，但本绝缘方式采用较多。

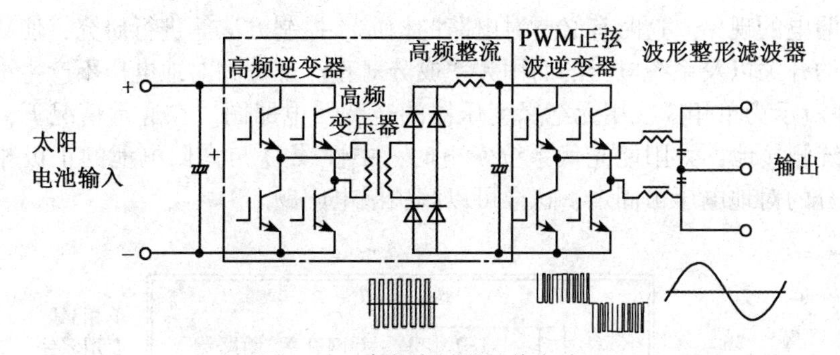

图 6. 22　高频变压器绝缘方式

3. 无变压器绝缘方式

无变压器绝缘方式的电路如图 6. 23 所示，太阳电池的直流输出经过升压斩波器升压，然后通过 PWM 正弦波逆变器将直流转换成交流，最后通过波形整形滤波器进行波形整形后输出。由于不使用绝缘变压器，比较容易实现装置的小型化、轻量化，因电路简单可降低价格，串联元件减少，容易实现高效率化，因此，这种方式在逆变器中被广泛采用。

4. 无变压器绝缘方式功率控制器的课题

虽然逆变器与电力系统之间一般设有绝缘变压器，但在住宅用太阳能光伏系统中，为了使逆变器小型轻便、更加经济，现在，不带绝缘变压器的逆变器的使用范围正在不断扩大。由于省去了绝缘变压器，可以将逆变器直接安装在墙壁上而不是放在地板上，可节约空间。但是省去绝缘变压器有可能出现从太阳能光伏系统的直流侧的直流电流流向电力系统的问题以及漏电问题。

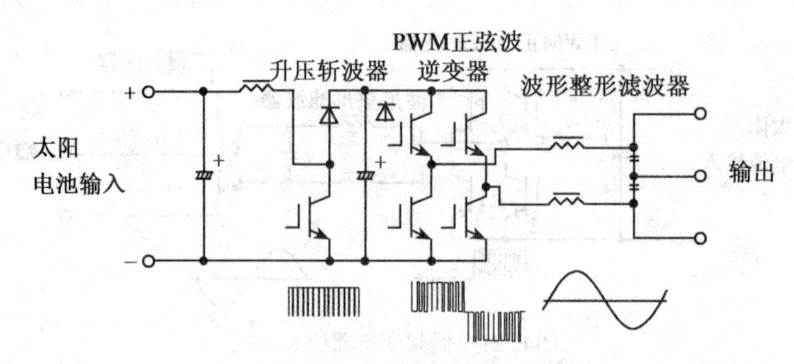

图 6.23　无变压器绝缘方式

由于输出电流的直流成分可能会给系统侧设备造成影响，因此必须抑制无变压器绝缘的逆变器的直流成分的电流输出，使逆变器具有检测直流成分以及保护的功能。

当太阳电池侧的直流部分对地电位发生变动时，有可能通过太阳电池的寄生电容发生漏电的现象。这时有必要对电路的构成、控制方法等进行研究，使功率半导体元件的开关以及系统电压的商用频率成分对直流部分的对地电压不产生影响。如图 6.24 所示为单相 3 线用无绝缘变压器的逆变器电路图。在通常情况下，中性线 O 在系统侧接地，太阳能光伏系统发电时，中性线 O 与太阳电池的正极相连，使直流部分的对地电压被固定，这样可以解决漏电问题。

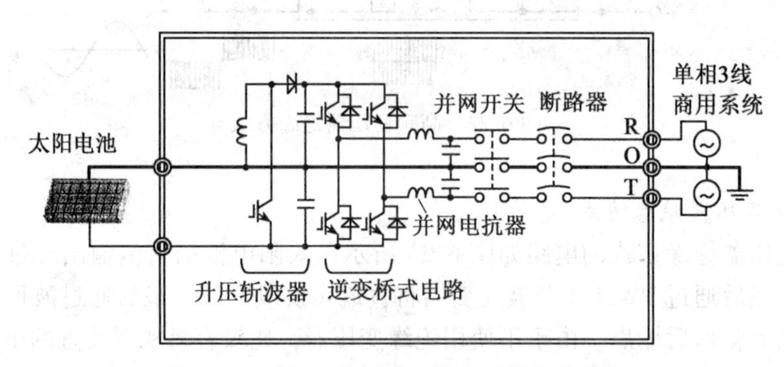

图 6.24　单相 3 线用无绝缘变压器的逆变器

6.4.3　滤波器

逆变器运行时，通过电气开关将直流电转换成 50Hz 的商用交流电，实际上波形中除了 50Hz 的成分之外，还含有 50Hz 的 5 倍（250Hz）、7 倍（350Hz）等成分，即 5 次谐波、7 次谐波等。为了滤掉高次谐波而得到商用频率的正弦波，通常使用由电感线圈和电容构成的低通滤波器（Filter）来实现。

6.4.4　系统并网保护装置

由于太阳能光伏系统只能在有太阳光的时候才能发电，而且所产生的电能有时不能满足负载的要求，因此在太阳能光伏系统侧电能不足的情况下，负载需要电力系统供电，相反，当太阳能光伏系统所产生的电能供给负载后出现剩余电能时，需要向电力系统反送电。当太阳能光伏系统与电力系统并网时，可能会使电力系统的电能品质降低，给其他的用户带来影响。另外，当太阳能光伏系统孤岛运行时，可能危及人身安全，为了避免这些情况的出现，设置系统并网保护装置是必要的。

住宅用太阳能光伏系统一般通过低压配电线并网，系统并网保护装置如下：

（1）过电压继电器；

（2）低电压继电器；

（3）频率上升继电器；

（4）频率下降继电器；

（5）主动式孤岛运行防止装置；

（6）被动式孤岛运行防止装置。

使用这些系统并网保护装置可以自动检测出配电系统侧或住宅侧的事故，迅速将太阳能光伏系统与配电系统分离，使其工作停止。

发生事故的现象与保护继电器的关系如下表：

事故发生处	事故现象	保护继电器
自家用发电设备	逆变器的控制部分异常导致电压上升	过电压继电器
	逆变器的控制部分异常导致电压下降	低电压继电器
电力系统	被并网的系统短路	低电压继电器
	系统事故以及施工停电等引起的孤岛运行状态	孤岛运行检测功能 过电压继电器、低电压继电器、频率上升继电器、频率下降继电器

6.4.5　孤岛运行检测

当太阳能光伏系统与电力系统的配电线并网运行，系统由于某种原因发生异常而停止工作时，如果不使太阳能光伏系统停止工作，则会向配电线继续供电，这种运行状态被称为孤岛运行状态（Islanding Operation）。当电力系统事故或检查而停止运行时，太阳能光伏系统处在孤岛运行发电状态下，发电功率与负载功率平衡时容易发生这种现象。

如果停电时太阳能光伏系统向电力系统反送电，电力公司的作业人员有触电的危险，因此孤岛运行状态时会威胁到作业人员的人身安全。它不仅妨碍停电原因的调查以及正常运行的尽早恢复，而且有可能给配电系统的某些部分造成损害。为了确保停电作业者的安全以及消除系统恢复供电时的障碍，电力系统停电的时候，必须使太阳能光伏系统与电力系统自动分离。

检测出孤岛运行状态的功能称为孤岛运行检测。检测出孤岛运行状态，并具有使太阳能光伏系统停止运行的功能称为孤岛运行防止。一般来说，孤岛运行检测功能除了对电压、频率进行监视外，还必须具有主动式、被动式这两种孤岛运行检测功能。这是因为：系统停电时，通常根据系统电压、频率的异常检测出是否停电，但当太阳能光伏系统所产生的电能与用户的消费一致时，不会引起系统的频率、电压变化，此时无法检测出电力系统是否停电。

1. 被动式孤岛运行检测方式

被动式是一种实时监视电压的相位、电压以及频率变化率等状态，检测出孤岛运行状态的方法。即检测出太阳能光伏系统与电力系统并网时的状态与电力系统停电时向孤岛运行过渡时的电压波形、相位等变化，从而检测出孤岛运行状态。

被动式孤岛运行检测方式有电压相位跳跃检测方式、三次谐波电压畸变急增检测方式以及频率变化率急变检测方式等。电压相位跳跃检测方式比较常用。

（1）电压相位跳跃检测方式。

当太阳能光伏系统向孤岛运行过渡时，由于发电出力与负荷的不平衡会导致电压的相位产生急变，因此可检测并网点处电压的相位的变化来判断孤岛运行。

（2）三次谐波电压畸变急增检测方式。

系统停电时，功率控制器的输出正弦电流流向变压器，此时发生的电压由于变压器的磁特性的作用使三次谐波激增，可通过检测并网点处的三次谐波激增现象来判断孤岛运行。

（3）频率变化率急变检测方式。

当太阳能光伏系统向孤岛运行过渡时，负载的阻抗会导致电压的频率急变，可通过检测并网点处电压的频率变化来判断孤岛运行。

目前，通常用电压相位跳跃检测方式，如图 6.25 所示，其方法是：周期地测出逆变器的交流电压的周期，如果周期的偏移超过某值以上时，则可判定为孤岛运行状态，此时使功率控制器的逆变器停止运行。通常，与电力系统并网的逆变器在功率因素为 1（电力系统电压与逆变器的输出电流同相）的情况下运行，逆变器不向负载供给无功功率，而由电力系统供给无功功率。但孤岛运行时电力系统无法供给无功功率，逆变器不得不向负载供给无功功率，其结果是使电压的相位发生急变，因此，可检测出电压的相位变化，判断出孤岛运行状态。

2. 主动式孤岛运行检测方式

主动式的原理是：功率控制器时常发出如频率、输出功率的变化量，根据出现

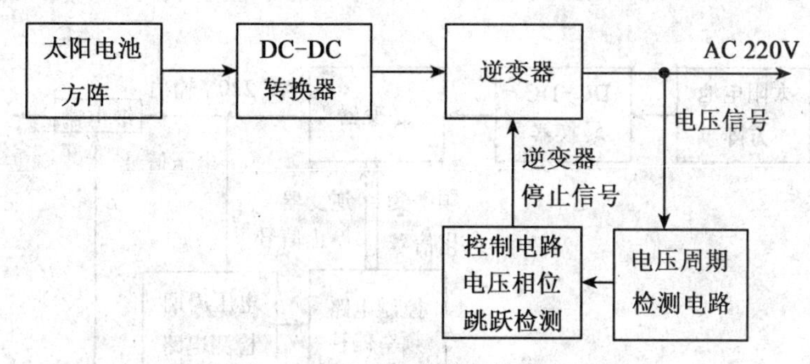

图6.25　电压相位跳跃检测方式

的结果、状态变化检测出孤岛运行状态。太阳能光伏系统与电力系统处于并网状态时不会出现频率、输出功率的变化量，孤岛运行时则会出现这些变化量，因此可由检测出的这些变化量确定是否为孤岛运行。

主动式孤岛运行检测方式有频率偏移方式、有功功率变动方式、无功功率变动方式以及负载变动方式等。频率偏移方式以及无功功率变动方式比较常用。

（1）频率偏移方式。

并网时，以逆变器的输出电流的频率为中心并以一定的范围周期地增减输出电流的频率。当向孤岛运行过渡时，对由输出电流与负荷的阻抗而产生的电压的周期性频率变化进行控制，使正反馈作用增加然后检测孤岛运行。

（2）有功功率变动方式。

在并网的情况下，使有功功率周期性地变化，对向孤岛运行过渡时所产生的周期性的电压、电流以及频率变化进行控制，使正反馈作用增加然后检测孤岛运行。

（3）无功功率变动方式。

在并网的情况下，使无功功率周期性地变化，对向孤岛运行过渡时所产生的周期性的电压、电流以及频率变化进行控制，使正反馈作用增加然后检测孤岛运行。

（4）负载变动方式。

对功率控制器的输出瞬时、周期性地插入（并联）负载阻抗，检测孤岛运行时出现的输出电压、输出电流的变化以判断是否为孤岛运行。

判断孤岛运行常用频率偏移方式，它是根据孤岛运行中的负荷状态，使出力的频率在额定值上下缓慢地进行平移的方式。即在系统的频率允许变化范围内使太阳能光伏系统的频率变化，根据系统是否跟随其变化来判断是否为孤岛运行。图6.26为频率偏移方式方框图。使逆变器的输出频率相对于系统频率变动正负0.1Hz，在与系统并网时，此频率的变动会被系统所吸收，因此，系统的频率不会改变。而孤岛运行时，此频率的变动会引起系统频率的变化，根据检测出的频率可以判断出孤岛运行。一般地，当频率在所定值范围外的状态持续0.5秒以上时，则使逆变器停止运行，并使与系统并网的继电器（并网继电器）断开，与系统分离。

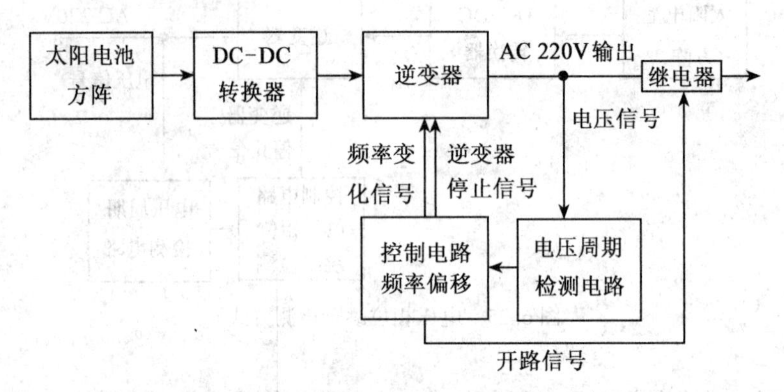

图 6.26　频率偏移方式

3. 独立运行系统

当电力系统停电时，与电力系统并网的太阳能光伏系统被分离后的运转状态称为独立运行（Isolated Operation）。它可以在地震、火灾等灾害时，当电力系统停电时为负载供用。前面所述的孤岛运行是指电力系统事故或检查而停止运行时，太阳能光伏系统处在孤岛运行发电，并仍在向电力系统输电的状态，二者是不同的。

独立运行系统一般分为无蓄电池的系统和有蓄电池的系统。电力系统停电时，太阳能光伏系统自动与电力系统分离的同时，将逆变器的控制方法由电流控制变为电压控制。

图 6.27 为带有蓄电池、并具有独立运行功能的太阳能光伏系统。配线用断路器 MCCB1 和电磁接触器 MC1 处于常闭状态，系统并网运行，电力系统向蓄电池充

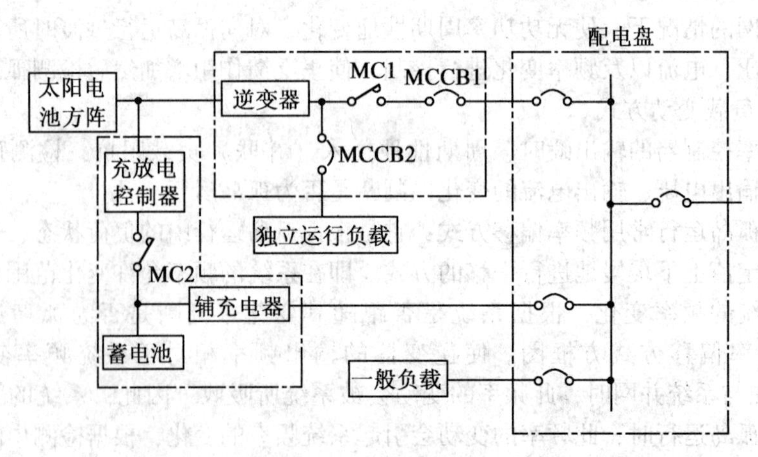

图 6.27　带有独立运行功能的太阳能光伏系统

电，此时由于电磁接触器 MC2 处于断开状态，因此蓄电池与太阳电池处于分离状态。电力系统停电时，配线用断路器 MCCB1 断开，逆变器从电流控制变为电压控制，运行自动开始。如果将电磁接触器 MC2 闭合，则蓄电池也被启用同时为独立运行负载供电。

6.4.6　升压式功率控制器

正如前面所说，功率控制器是一种将太阳电池的直流电能转换成交流电能的装置。近年来将交流的输出直接与商用电力系统并网的功率控制器正得到越来越多的应用。

如图 6.28 所示为升压式功率控制器。它由升压式斩波器电路、逆变桥式电路、并网开关、控制电路、系统并网保护电路以及断路器等组成。它具有系统并网保护功能以及太阳电池的出力控制等功能。当系统的电压、频率出现异常时，系统并网保护功能可以使发电停止，并使并网开关断开。

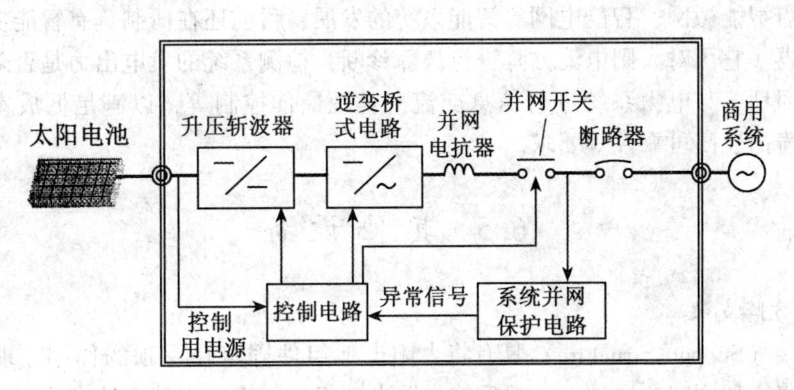

图 6.28　升压式功率控制器

升压式斩波器电路将太阳电池的直流电压升至功率控制器的出力控制所必要的直流电压，逆变桥式电路是用来将升压的直流电压转换成工频交流电压的电路，升压斩波器电路以及逆变器桥式电路由 IGBT 等功率半导体元件构成，以 10~20kHz 的频率对电压、电流进行采样。电路的输出波形为矩形脉冲波，采用 PWM 控制方法得到所需的输出电压，并网用电抗器用来降低逆变桥式电路输出的高频信号，并网开关是一种用来将逆变器的出力与商用电力系统相连接的开关，发电运行时开关闭合，而夜间、并网保护电路等异常被检出时则断开。

6.4.7 多功能功率控制器

一般地，太阳能光伏系统用功率控制器除了具有并网发电等功能外，功率控制器还带有其他的一些功能。如充电功能、独立运行功能、信息传输功能、智能功能等。

带有充电功能的功率控制器可以对斩波电路以及逆变器桥式电路进行双向控制，以实现从电力系统向直流侧供电，使蓄电池充电，为夜间可独立运行的防灾系统提供电源。

当太阳能光伏系统与电力系统处于分离状态而独立运行时，功率控制器具有调整交流电压的功能，以便能够为紧急情况下的供水设备、供油设备等系统提供电源。

为了节约空间，功率控制器一般做成可以放在太阳电池支架上的户外结构。但是，为了在室内可以监视功率控制器的运行状况，功率控制器还有可将其输入、输出电压、电流以及功率等信息通过网络传输的功能。

随着智能微网、智能电网等智能系统的发展，目前还在研制具有智能功能的功率控制器，它可对太阳电池方阵进行故障诊断，检测系统的发电出力是否降低，进行人机对话，与电力系统进行信息交流，实现最佳控制等，以满足低成本、高性能、长寿命、高可靠性等要求。

6.5 其他设备

1. 方阵支架

支架（Support Structure）具有将太阳电池组件固定在屋顶的作用，现在一般采用先将支架固定在屋顶上，然后将太阳电池组件固定在支架上的方法。支架分为与屋顶面平行的平行型和与屋顶面保持一定角度的非平行型两种。如前所述，也可不使用支架而采用将太阳电池作为屋顶建材使用的屋顶一体型等方式。为了降低支架的成本，也有采用桩埋式基础，在桩上安装支架的方法，这种方式适合用在山坡、土地上安装太阳能光伏系统的情况。

2. 汇流箱

图 6.29 为汇流箱，主要由阻塞二极管、直流开关（或保险丝）以及避雷装置等构成，它的作用有：

（1）汇流箱具有将直流电送往功率控制器的作用，用电缆将太阳电池方阵的输出与汇流箱内的阻塞二极管、直流开关相连，然后与功率控制器连接；

（2）检查时将电路分离，使操作更容易；

（3）太阳电池出现故障时，使停电范围限定在一定的范围之内；

(4) 绝缘电阻测量、短路电流的定期检查。

直流开关用来开、闭来自太阳电池的电能，一般设有输入侧开关和输出侧开关。输入侧开关设置在太阳电池方阵侧，用来切断来自太阳电池的最大直流电流(太阳电池方阵的短路电流)，一般使用配线用断路器。输出侧开关应满足太阳电池方阵的最大使用电压以及最大通过电流，具有开关最大通过电流的能力。与输入侧开关一样，一般使用配线用断路器。

避雷装置用来保护电气设备免遭雷击。在汇流箱里，为了保护太阳电池方阵、功率控制器，每个串联组件支路都设有避雷装置，整个太阳电池方阵的输出端也设置了避雷装置。另外，对有可能遭受雷击的地方，对地间以及线间需设置避雷装置。

如前所述，阻塞二极管起防止电流流向太阳电池的作用。此外汇流箱有铁制、不锈钢制、室内用以及户外用等种类，但室外使用时应有防水、防锈的功能。

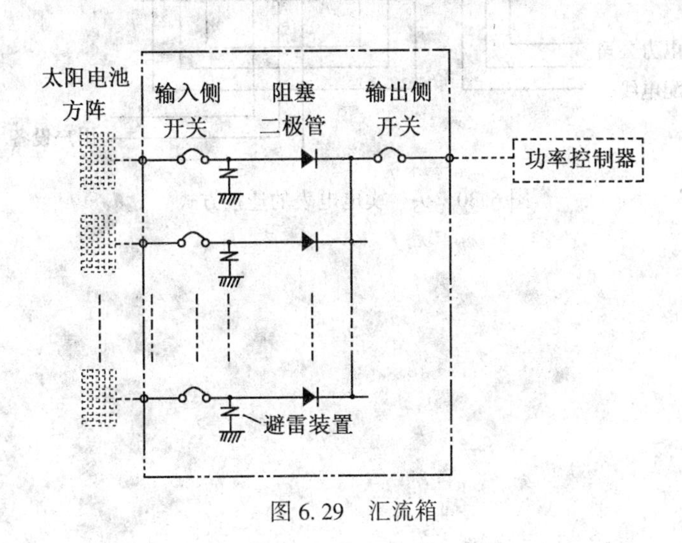

图6.29 汇流箱

3. 住宅用分电盘

住宅用太阳能光伏系统一般通过住宅用分电盘与商用电力系统并网。太阳电池所产生的电能无论是在家庭内使用还是将剩余电能送往电力系统都必须通过分电盘。

4. 买电、卖电用电表

电表用来记录所使用的电量，有圆盘式和电子式。现在，一般家庭多使用圆盘式电表。太阳能光伏系统的剩余电能出售给电力系统时，应分别设置带有防逆转功能的卖电用电表和买电用电表。如图6.30所示，卖电用电表一般安装在用户（电源侧）一侧。当然，如果买、卖电的价格相同，并且不存在其他问题，也可利用电表可逆旋转的原理，反送电时电表逆旋转使电量抵消，在这种情况下使用一台电表也可。除了传统的圆盘式和电子式电表之外，现在新一代智能电表正在得到应用，可参见9.1节。

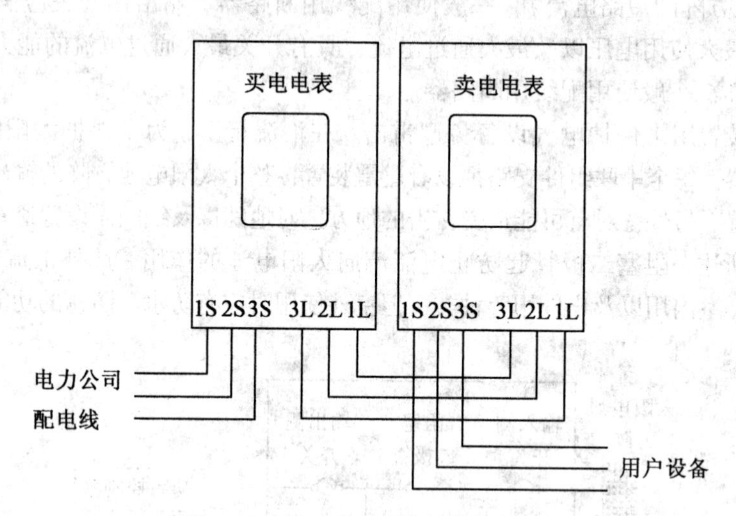

图6.30　买、卖电电表的连接方式

第7章 太阳能光伏系统的设计

本章主要论述太阳能光伏系统设计时应考虑的各种因素、设计步骤、设计理论、设计方法等，并用参数分析法以及计算机仿真法分别说明了独立型、住宅型太阳能光伏系统的设计方法，最后介绍了太阳能光伏系统的成本核算方法。

7.1 太阳能光伏系统设计的诸因素

太阳能光伏系统设计时，必须考虑诸多因素，进行各种调查，了解系统设置用途、负载情况，决定系统的型式、构成，选定设置场所、设置方式、方阵的容量、太阳电池的方位角（Direction Angle）、倾斜角（Tilt Angle）、可设置的面积、支架型式以及布置方式等。

7.1.1 太阳能光伏系统设计时的调查

一般来说，太阳能光伏系统设计时应调查如下项目：

（1）太阳能光伏系统设计时，首先需要与用户见面，了解如发电出力、设置场所、经费预算、实施周期以及其他特殊条件；

（2）进行建筑物的调查，如建筑物的形状、结构、屋顶的构造、当地的条件（日照条件等）以及方位等；

（3）电气设备的调查，如电气方式、负荷容量、分电盘、用电合同的状况、设备的安装场所（功率控制器、汇流箱以及配线走向等）；

（4）施工条件的调查，如搬运设备的道路、施工场所、材料安放场所以及周围的障碍物等。

下面将对太阳能光伏系统设置的用途、负载情况的调查，决定系统的型式、构成，选定设置场所、设置方式，对太阳电池的方位角、倾斜角、可设置的面积等密切相关的问题进行讨论。

7.1.2 太阳能光伏系统设置的用途、负载情况

1. 设置对象以及用途

首先，要明确在何处设置太阳能光伏系统，是在建筑物的屋顶上设置还是在地

上、空地等处设置。其次，太阳电池产生的电力用在何处，即为何种负载等。

2. 负载的特性

要弄清楚负载是直流负载还是交流负载，是昼间负载还是夜间负载。一般来说，住宅、公共建筑物等处为交流负载，因此需要使用逆变器。由于太阳能光伏系统只能在白天有日光的条件下才能发电，因此可直接为昼间负载提供电力，但对夜间负载来说则要考虑装蓄电池。在负载大小已知的情况下，对独立系统来说，要针对负载的大小来设计相应的太阳能光伏系统的容量以满足负载的要求。

7.1.3 系统的类型、构成的选定

系统的类型、构成取决于系统使用的目的、负载的特点以及是否有备用电源等。对构成系统的各部分设备的容量进行设计时必须事先决定系统的类型，其次是负载的情况、太阳电池方阵的方位角、倾斜角、逆变器的种类等。

1. 系统类型的选定

系统型式根据是独立系统还是并网系统可以有许多种类。独立型太阳能光伏系统根据负载的种类可分成直流负载直连型、直流负载蓄电池使用型、交流负载蓄电池使用型、直、交流负载蓄电池使用型等系统。并网系统也有许多种类，如有反送电、无反送电并网系统，切换式系统，防灾系统等。

2. 系统装置的选定

系统装置的选定除了太阳电池外，还包括功率控制器、汇流箱等。对安装蓄电池的系统，还要选定蓄电池、充放电控制器等。

7.1.4 设置场所、设置方式的选定

太阳电池方阵的设置场所、设置方式较多，可分为建筑物上、地面上设置等。一般在杆柱、屋顶以及地面上设置太阳电池方阵。可分成如下几种类型：

（1）杆上设置型。

这种方式是将太阳能光伏系统设置在金属、混凝土以及木制的杆、塔上，如公园内的照明、交通指示灯的电源等。

（2）地上设置型。

地上设置型分为平地设置型以及斜面设置型。平地设置型是在地面上打好基础，然后将支架安装在该基础上。斜面设置型与平地设置型基本相同，只是地面或地基是倾斜的。

（3）屋顶设置型。

屋顶设置型可分为整体型、直接型、架子型以及空隙型 4 种。整体型为与建筑物相结合的设置方式。直接型是指建材一体型以及将太阳能方阵与屋顶紧靠的设置方式。架子型是指在屋顶上设置的支架上设置太阳能方阵的方式。空隙型是指与屋

顶的倾斜面一致，但在太阳能方阵与屋顶之间留有一定空隙的设置方式。

（4）高楼屋顶设置型。

高楼屋顶设置型是指在高楼屋顶设置的支架上设置太阳能光伏系统的方式。

（5）幕墙设置型。

幕墙设置型分为建材一体型、幕墙设置型以及窗上设置型。建材一体型是指太阳电池方阵具有发电与壁材的功能，二者兼顾的设置方式。幕墙设置型是指在幕墙的壁面上设置太阳电池方阵的方式。窗上设置型是指太阳电池方阵除了具有发电的功能外，还作为窗材使用的方式。

7.1.5　太阳电池的方位角、倾斜角的选定

太阳电池方阵的布置、方位角、倾斜角的选定是太阳能光伏系统设计时最重要的因素之一。所谓方位角一般是指东西南北方向的角度，对于太阳能光伏系统来说，方位角以正南为0°，顺时针方向（西）取正（如+45°），逆时针方向（东）取负（如-45°），倾斜角为水平面与太阳电池组件之间的夹角。倾斜角为0°时表示太阳电池组件为水平设置，90°则表示太阳电池组件为垂直设置。

1. 太阳电池的方位角的选择

一般来说，太阳电池的方位角取正南方向（0°），以使太阳电池的单位容量的发电量最大。如果受太阳电池设置场所，如屋顶、土地、山、建筑物的阴影等的限制时，则考虑与屋顶、土地、建筑物等的方位角一致，以避开山、建筑物等的阴影的影响。例如在已有的屋顶上设置时，为了有效地利用屋顶的面积应选择与屋顶的方位一致。如果旁边的建筑物或树木等的阴影有可能对太阳电池方阵产生影响时，则应极力避免，以适当的方位角设置。另外，为了满足昼间最大负载的需要，应将太阳电池方阵的设置方位角与昼间最大负载出现的时刻相对应进行设置。

2. 太阳电池的倾斜角的选定

最理想的倾斜角可以根据太阳电池年间发电量最大时的最大倾斜角来选择。但是，在已建好的屋顶设置时则可与屋顶的倾斜角相同。有积雪的地区，为了使积雪能自动滑落，倾斜角一般选择50°~60°。所以，太阳电池方阵的倾斜角可以根据不同情况选择最大倾斜角、屋顶的倾斜角以及使雪自动滑落的倾斜角等。

7.1.6　可设置的面积

设置太阳电池方阵时，要根据设置的规模、构造、设置方式等决定可设置的面积。可设置的面积受到条件的限制时，要考虑地点的形状、所需的发电容量以及周围的环境等，对太阳电池方阵的配置、配列进行设计，使太阳能光伏系统的出力最大。

7.1.7　太阳电池方阵的设计

1. 太阳电池组件的选定

太阳电池组件的选定一般应根据太阳能光伏系统的规模、用途，外观等而定。太阳电池组件的种类较多，现在比较常用的是单晶硅、多晶硅、非晶硅以及 CIS 太阳电池等。

2. 太阳电池方阵容量的计算

太阳电池方阵容量计算时应考虑负载和可设置面积等因素，与负载的电压、电流有关。计算方法可参考 7.3.1 小节。

3. 支架设计

支架设计时应考虑设置地点的状况、环境等因素。要考虑风压的作用力、固定载荷、积雪载荷（北方地区）以及地震载荷等。

7.2　太阳能光伏系统的设计步骤

太阳能光伏系统设计时应对设置场所的状况、方位、周围的情况进行调查，选定设置可能的场所，根据调查的结果选定太阳电池方阵的设置方式，算出设置可能的太阳电池组件的枚数，设计支架，选定控制器等系统设备。然后，根据设置可能的太阳电池组件数算出发电量，根据设计结果购买太阳电池组件以及其他设备，安装太阳电池组件并对其配线，安装工事结束后对各个部分进行检查，如不存在问题则可开始发电。

太阳能光伏系统设计时，一般采用如下的步骤：

（1）估算所需电力；

（2）确定屋顶的形状；

（3）确定可设置太阳电池组件的面积；

（4）决定所必要的太阳电池容量；

（5）算出太阳电池的面积；

（6）判断设置太阳电池组件的可能性；

（7）决定必要的组件枚数；

（8）决定逆变器的容量；

（9）确定逆变器等设置场所、分电盘的电路、配线走向等；

（10）设计施工方案；

（11）试验运行。

7.3　太阳能光伏系统设计方法概要

由于太阳光能量变化的无规律性、负载功率的不确定性以及太阳电池特性的不稳定性等因素的影响，因此，太阳能光伏系统的设计比较复杂。

太阳能光伏系统的设计方法一般可分为解析法和计算机仿真法两种。解析法是根据系统的数学模型，并使用设计图表等进行设计，得出所需的设计值的方法。解析法可分为参数分析法以及 LOLP 法（Loss of Load Probability）两种方法。

参数分析法是一种将复杂的非线性太阳能光伏系统当做简单的线性系统来处理的方法。设计时可从负载与太阳光的入射量着手进行设计，也可以从太阳电池组件的设置面积着手进行设计。此方法不仅使用价值高，而且设计方法简单。

LOLP 法是一种用概率变量来描述系统的方法。由于系统的状态变量、系数等变化无规律可循，直接处理起来不太容易，采用 LOLP 法可以较好地解决此问题。

计算机仿真法则是利用计算机对日照、不同类型的负载以及系统的状态进行动态计算，实时模拟实际系统的状态的方法。由于此方法可以秒、小时为单位对日照量与负载进行一年的计算，因此，可以准确地反映日照量与负载之间的关系，设计精确度较高。

上面列举了 3 种设计方法，一般常用参数分析法和计算机仿真法，这里着重介绍利用参数分析法和计算机仿真法进行系统设计的方法。

7.3.1　参数分析法

太阳能光伏系统设计时，一般采用根据负载消费量决定所需太阳电池容量的方法。但是太阳电池在安装时，往往会出现设置面积受到限制等问题，因此，应事先调查太阳电池可设置的面积，然后算出太阳电池的容量，最后进行系统的整体设计。

7.3.1.1　方阵容量的计算

用参数分析法对系统进行设计时，要对方阵容量进行计算。一般分为两种情况：一种是负载已决定时的情况，另一种是方阵面积已决定时的情况，下面对这两种情况分别进行讨论。

1. 负载已决定时

根据负载消费量决定所需太阳电池容量时，一般使用如下公式进行计算：

$$P_{AS}=\frac{E_L DR}{(H_A/G_S)\ K} \tag{7.1}$$

式中：P_{AS}——标准状态时太阳电池方阵的容量，kW；

标准状态——AM1.5，日照强度为 1 000W/m^2，太阳电池芯片温度为 25℃；

H_A——某期间得到的方阵表面的日照量，kW·h/（m^2·期间）；

G_S——标准状态下的日照强度，kW/m^2；

E_L——某期间负载消费量（需要量），kW·h/期间；

D——负载对太阳能光伏系统的依存率（=1-备用电源电能的依存率）；

R——设计余量系数，通常在1.1~1.2的范围；

K——综合设计系数（包括太阳电池组件出力波动的修正、电路损失、机器损失等）。

上式中的综合设计系数K包括直流修正系数K_d、温度修正系数K_t、逆变器转换效率η等。直流修正系数K_d用来修正太阳电池表面的污垢，太阳日照强度的变化引起的损失，以及太阳电池的特性差等，K_d值一般为0.8左右。温度修正系数K_t用来修正因日照引起的太阳电池的升温、转换效率变化等，K_t值一般为0.85左右。逆变器转换效率η是指逆变器将太阳电池发出的直流电转换为交流电时的转换效率，通常为0.85~0.95。

对于住宅用太阳能光伏系统而言，某期间负载消费量E_L可用两种方法加以概算：第一种方法是根据使用的电气设备以及使用时间来计算，另一种方法是根据电表的消费量进行推算。根据使用的电气设备以及使用时间计算负载的消费量时，一般采用如下公式进行计算：

$$E_L = \sum (E_1 T_1 + E_2 T_2 + \cdots + E_n T_n) \tag{7.2}$$

式中：负载消费量E_L一般以年为单位，即用E_L表示年间总消费量，并用单位（kWh/年）表示；E_k（$k=1, 2, \cdots, n$）为各电气设备的消费电量；T_k（$k=1, 2, \cdots, n$）为各电气设备的年使用时间。

某期间得到的方阵表面的日照量H_A与设置的场所（如屋顶）、方阵的方向（方位角）以及倾斜角有关，当然，各月也不尽相同。太阳电池方阵面向正南时日照量最大，太阳电池方阵倾斜角与设置地点的纬度相同时，理论上的年间日照量最大。但实测结果表明，倾斜角略小于纬度时日照量较大。

2. 方阵面积已决定时

设置太阳能光伏系统时，有时会受到设置场所的限制，即太阳电池方阵的设置面积会受到限制。系统设计时需要根据设置面积算出太阳电池的容量。如果已知设置地点的日照量H_A，标准太阳电池方阵的出力P_{AS}以及综合设计系数K，则可根据下式计算出太阳能光伏系统的日发电量：

$$E_p = H_A K P_{AS} \tag{7.3}$$

标准状态下的太阳电池方阵的转换效率η_S可由下式表示：

$$\eta_S = \frac{P_{AS}}{G_S A} \times 100\% \tag{7.4}$$

式中：A 为太阳电池方阵的面积。

太阳电池芯片、太阳电池组件的转换效率可用上式进行计算。一般简单地称为转换效率，有时需要加以区别。这些转换效率之间的关系是：太阳电池芯片转换效率>太阳电池组件的转换效率>太阳电池方阵转换效率。

7.3.1.2　太阳电池组件的总枚数

计算出必要的太阳电池容量（kW）之后，下一步则需决定太阳电池组件的总枚数以及串联的枚数（一列的组件枚数）。组件的总枚数可以由必要的太阳电池容量计算得到，串联枚数可以根据必要的电压（V）算出。

太阳电池组件的总枚数由下式计算：

组件的总枚数=必要的太阳电池容量（W）÷每枚组件的最大功率（W）

太阳电池组件的串联枚数由下式计算：

串联枚数=必要的电压÷每枚组件的最大输出电压（V）

根据太阳电池组件的总枚数以及串联组件的枚数则可计算出太阳电池组件的并联支路数，由下式计算：

并联支路数=组件的总枚数÷串联枚数

太阳电池组件使用枚数可以算出：

太阳电池组件使用枚数=串联枚数×并联支路数

7.3.1.3　太阳电池方阵的年发电量的估算

所设计的太阳电池方阵的年发电量，可以由下式估算：

$$E_P=\frac{H_A K P_{AS}}{G_S} \tag{7.5}$$

式中：E_p——年发电量，kWh；

P_{AS}——标准状态时太阳电池方阵的容量，kW；

H_A——方阵表面的日照量，kW/（m^2·年）；

G_S——标准状态下的日照强度，1kW/m^2；

K——综合设计系数。

7.3.1.4　蓄电池容量的计算

太阳能光伏系统设计时，根据负载的情况有时需要装蓄电池。蓄电池容量的选择要根据负载的情况、日照强度等进行。下面介绍比较稳定的负载供电系统以及根据日照强度来控制负载容量的系统的蓄电池容量的设计方法。

1. 比较稳定的负载供电系统

负载的用电量不太集中时，可用下式决定蓄电池容量：

$$B_c=E_L N_d R_b/(C_{bd} U_b \delta_{bv}) \tag{7.6}$$

式中：B_c——蓄电池容量，kW·h；

E_L——负载每日的需要电量，kW·h/d；

N_d——无日照连续日数，d；

R_b——蓄电池的设计余量系数；

C_{bd}——容量低减系数；

U_b——蓄电池可利用放电范围；

δ_{bv}——蓄电池放电时的电压低下率。

以上 C_{bd}、U_b、δ_{bv} 可以由蓄电池的技术资料得到。

2. 根据日照强度来控制负载容量的系统

无论是雨天还是夜间，当需要向负载提供最低电力时，必须考虑无日照的连续期间向最低负载提供电力的蓄电池容量。在这种情况下，一般采用下式进行计算：

$$B_c = E_{LE} - P_{AS}(H_{A1}/G_S K)N_d R_b/(C_{bd}U_b\delta_{bv}) \tag{7.7}$$

式中：E_{LE}——负载所需的最低电量，kW·h/d；

H_{A1}——无日照的连续日数期间所得到的平均方阵表面日照量，kW·h/d。

7.3.1.5 逆变器容量的计算

对于独立系统来说，逆变器容量一般用下式进行计算：

$$P_{in} = P_m R_e R_{in} \tag{7.8}$$

式中：P_{in}——逆变器容量，kV·A；

P_m——负荷的最大容量；

R_e——突流率；

R_{in}——设计余量系数（一般取1.5~2.0）。

对于并网系统来说，逆变器在负载率较低的情况下工作时效率较低。另外，逆变器的容量较大时价格也高，应尽量避免使用大容量的逆变器。选择逆变器的容量时，应使其小于太阳电池方阵的容量，即 $P_{in} = P_{AS}C_n$，这里 C_n 为低减率，一般取0.8~0.9。

7.3.2 计算机仿真法

计算机仿真法主要用来对太阳能光伏系统进行最优设计以及确定运行模式。仿真时通常以一年为对象，利用日照量、温度、风速以及负载等数据进行8 760h的连续计算，决定太阳能光伏系统的太阳电池方阵容量、蓄电池容量、负载的非线性电压电流特性以及运行工作点等。

7.3.2.1 各部分的数学模型

1. 太阳电池

太阳电池的等效电路如图7.1所示。在恒定光照下，一个处于工作状态的太阳电池，其光电流不随工作状态而变化，在等效电路中可视为恒流源。图中的 R_s 称为串联电阻，是由于前面和后面的电极接触，材料本身的电阻率、基区和顶层等引入的附加电阻。R_{sh} 为并联电阻，由于电池边沿的漏电，电池的微裂纹、划痕等处形成的金属桥漏电等，使一部分本应通过负载的电流短路，这种作用可用一个并联电阻来等效。

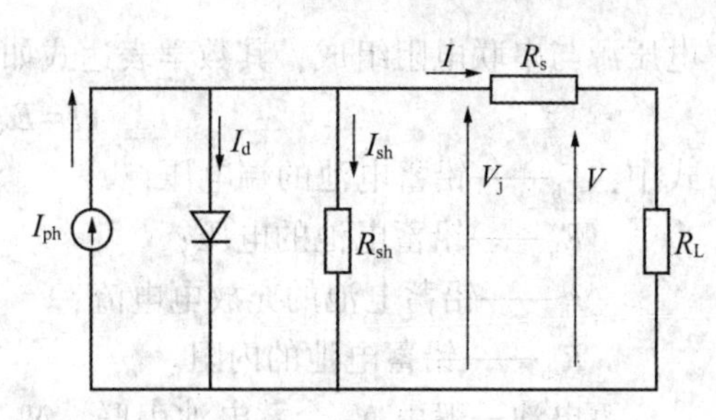

图 7.1　太阳电池的等效电路

由等效电路可知，太阳电池输出电流为

$$I=I_{ph}-I_d-I_{sh} \tag{7.9}$$

二极管的电流为

$$I_d=I_0\left(\exp\frac{qV_j}{nKT}-1\right) \tag{7.10}$$

式中：I_{ph}为与光照成正比的电流；I_d 为二级管电流；I_{sh}为漏电流；I_0 为饱和电流；n 为二极管常数；K 为波耳兹曼常数；T 为太阳电池温度；q 为电子的电荷；V_j 为 pn 结电压。

I_{sh}与工作电压成正比，假定并联电阻为 R_{sh}，则

$$I_{sh}=\frac{V_j}{R_{sh}} \tag{7.11}$$

太阳电池的输出电压为

$$V=V_j-IR_s \tag{7.12}$$

太阳电池的输出电流为

$$I=I_{ph}-I_0\left(\exp\frac{q\,(V+IR_s)}{nKT}-1\right)-\frac{V+IR_s}{R_{sh}} \tag{7.13}$$

由于太阳电池的输出随温度上升而下降，因此需要对太阳电池的输出进行温度修正。常见的有两种方法，一种是使用温度修正系数的方法，另一种是使用二极管的温度特性的方法。因为理想二极管的温度特性在很大程度上依赖于饱和电流 I_0 的温度特性，因此一般用二极管的温度特性来加以修正。饱和电流的温度特性如下式所示：

$$I_0=C_1T^3\exp\left(-E_{g0}/kT\right) \tag{7.14}$$

式中：C_1——常数；

E_{g0}——绝对零度时禁带的宽度。

太阳电池的温度受气象条件的影响，与标准状态下的输出特性不同。太阳电池的温度一般高于气温，受日照、风等因素的影响，日光照射时温度上升，有风时温度则下降。因此需要考虑太阳电池组件的构造、方阵的设置方法等，并根据技术资料或试验数据对太阳电池方阵的温度上升加以修正。

2. 铅蓄电池

太阳能光伏系统中常用铅蓄电池（Lead Acid Battery）储存电能，这里以铅蓄电池为例说明其数学模型。铅蓄电池的等价电路如图 7.2 所示，由铅蓄电池的输出

电压源与串联电阻组成，其数学表达式如下：

$$V_b = E_b - I_b R_{sb} \tag{7.15}$$

式中：V_b——铅蓄电池的端电压；

E_b——铅蓄电池的电压；

I_b——铅蓄电池的充放电电流；

R_{sb}——铅蓄电池的内阻。

蓄电池一般由 N_{bs} 个蓄电池串联，N_{bp} 个蓄电池并联构成铅蓄电池系统。因此，蓄电池的端电压为 $V_B = V_b N_{bs}$，电流为 $I_B = I_b N_{bp}$，所使用的蓄电池的数量可由 N_{bs} 与 N_{bp} 的乘积得到。

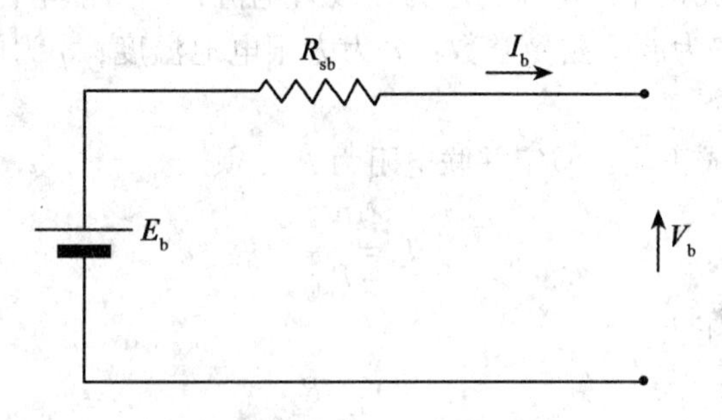

图 7.2　铅蓄电池的等价电路

3. 逆变器

逆变器的数学模型需要考虑无负载损失，输入电流损失以及输出电流损失等因素，其数学表达式如下：

$$I_o = P_i \eta / (V_o \phi) \tag{7.16}$$

$$P_o = P_i - L_o - R_i I_i^2 - R_o I_o^2 \tag{7.17}$$

$$I_i = P_i / V_i \tag{7.18}$$

$$\eta = P_o / P_i \tag{7.19}$$

$$P_o = V_o I_o \tag{7.20}$$

式中：V_i——逆变器的输入电压；

I_i——逆变器的输入电流；

P_i——逆变器的输入功率；

V_o——逆变器的输出电压；

I_o——逆变器的输出电流；

P_o——逆变器的输出功率；

ϕ——功率因素；

η——逆变器效率；

L_o——逆变器无负载损失；

R_i——逆变器等价输入电阻；

R_o——逆变器等价输出电阻。

无负载损失与负载无关，为一常数。电流损失一般可分为输入侧与输出侧来加以考虑。另外，如果逆变器具有最大功率点跟踪控制，由于逆变器的输入电压与方阵的最大功率点的工作电压一致，因此逆变器可以在保持最大功率点的状态下工作。此时逆变器的输入电流与方阵的最大功率点的工作电流一致。

实际上，逆变器由于受跟踪响应与日照变动等因素影响，对最佳工作点的跟踪并非理想，一般会偏离最大功率点。因此，计算机仿真时以秒为单位进行仿真，可使计算结果更加精确。

7.3.2.2　计算机仿真用标准气象数据

计算机仿真时需要使用太阳能光伏系统设置地点的标准气象数据，如户外温度、直达日照量、风向、风速、云量等。根据负载的要求、标准气象数据以及方阵的面积可以算出方阵的出力、蓄电池容量、逆变器的大小等。

7.4　独立型太阳能光伏系统的设计

独立型太阳能光伏系统的设计步骤没有统一的格式，要根据已知条件，如太阳电池设置可能的面积、负载的情况、所选定的系统等来决定其设计方法。这里采用了几种不同设计方法来对几种不同的系统进行设计。一般地，独立型太阳能光伏系统采用以下步骤设计：

（1）设置场所的状况、数据、负载的决定；

（2）电器设备的消费电流的决定；

（3）太阳电池一日所需电流的决定；

（4）太阳电池最大输出电压的计算；

（5）太阳电池的选定（太阳电池组件、容量、种类等）；

（6）太阳电池的并联、串联的连接方法；

（7）蓄电池的容量计算；

（8）蓄电池的选定；

（9）充放电控制器的选定；

（10）逆变器的选定；

（11）阻塞二极管的选定。

7.4.1　使用参数分析法设计独立型太阳能光伏系统

使用参数分析法对独立型太阳能光伏系统进行设计时，首先必须根据负载的消费功率、用途等决定系统的构成。独立型太阳能光伏系统根据负载的种类、是否使用蓄电池、逆变器可分为以下几种：直流负载直连型、直流负载蓄电池使用型、交流负载蓄电池使用型、直、交流负载蓄电池使用型等。系统图请参阅 5.2.2 小节，下面分别介绍这些系统的设计方法。

独立型太阳能光伏系统设计时，首先要弄清太阳电池使用场所的日照条件、电气设备的使用条件等，然后根据所使用的电器的消费功率决定太阳电池的容量。如果使用蓄电池，还必须决定蓄电池的容量。

7.4.1.1 直流负载直连型系统的设计

对于直流负载直连型系统，根据所使用的电器的电气特性，选择的太阳电池的容量会有很大的差异。由于该系统不用蓄电池，一般来说，太阳电池的容量为使用电器设备的容量的 2 倍左右。

7.4.1.2 直流负载蓄电池使用型系统的设计

对于直流负载蓄电池使用型系统以及交流负载蓄电池使用型系统，太阳电池容量的计算方法如下：

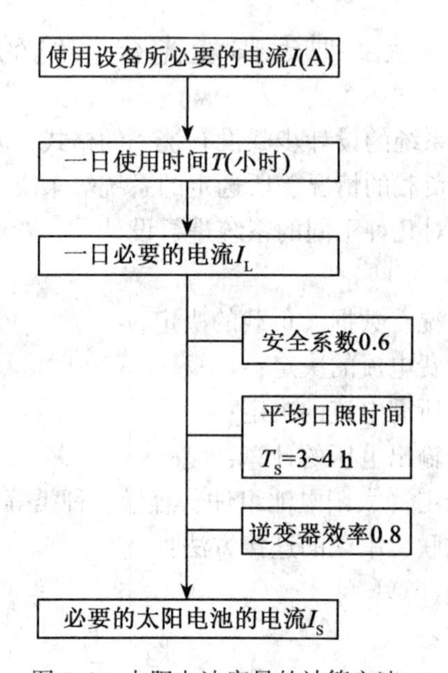

图 7.3 太阳电池容量的计算方法

图 7.3 中的一日必要的电流 I_L 以及必要的太阳电池的电流 I_S，可分别由下式计算：

一日必要的电流：

$$I_L = I \times T \quad (\text{A} \cdot \text{h/d}) \tag{7.17}$$

必要的太阳电池的电流

$$I_S = I_L / (0.6 \times (3\sim4) \times 0.8) \tag{7.18}$$

蓄电池容量的计算方法如图 7.4 所示，其中，蓄电池容量由下式进行计算：

$$C = I_L \times (3\sim4) / (0.75 \times (0.5\sim0.7) \times 0.8) \tag{7.19}$$

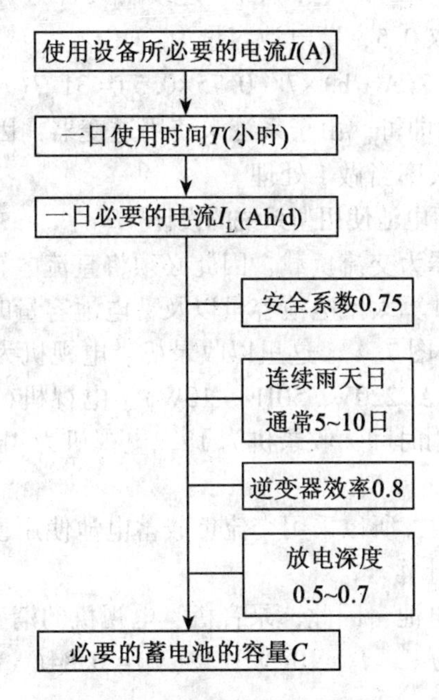

图 7.4　蓄电池容量的计算方法

下面举例说明实际系统的设计方法。这里假定直流负载为荧光灯，电压为 12V，功率为 4W。荧光灯作为庭园灯使用，每天夜间使用 5h。设计方法如图 7.3 所示。

1. 系统的构成

由于太阳电池只需向荧光灯供电，而且为直流负载，因此不需要逆变器，考虑采用直流负载蓄电池使用型系统。

2. 太阳电池容量的计算

在已知负载的消费功率的前提下，需要根据负载的消费功率决定太阳电池的容量。

电器所必需的电流：

$$I = 4(\text{W}) / 12(\text{V}) = 0.34(\text{A})$$

一日所必要的电流：

$$I_L = 0.34(\text{A}) \times 5(\text{h}) = 1.7(\text{A} \cdot \text{h})$$

选择太阳电池容量时，选平均日照时间为3h，必要的太阳电池的电流 I_S 为

$$I_S = 1.7(\mathrm{A \cdot h})/(0.6 \times 3) = 0.94(\mathrm{A \cdot h})$$

可见，选择动作电压为15V，$I_S = 0.95(\mathrm{A})$ 的太阳电池较为合适。

3. 蓄电池容量的计算

由前面的计算可知，$I_L = 1.7(\mathrm{A \cdot h})$，连续雨天日为7d，由于蓄电池每天重复充放电，因此放电深度取0.5，蓄电池容量为：

$$C = 1.7(\mathrm{A \cdot h}) \times 7/(0.75 \times 0.5) = 31.7(\mathrm{A \cdot h})$$

选32A · h的蓄电池即可。由于系统未使用逆变器，因此以上的计算中省去了逆变器效率，将逆变器效率当做1处理。

7.4.1.3　交流负载蓄电池使用型系统的设计

由于一般的家庭电器为交流负载，因此必须将直流电转换成交流电，这就需要使用逆变器。因此，在计算太阳电池容量以及蓄电池容量时，必须考虑逆变器的问题，计算方法见图7.3、图7.4 。这里以收录机、电视机为例说明设计方法。

使用电器：收录机(AC220V、50Hz、10W)、电视机(AC220V、50Hz、60W)，总功率为70W。每日使用时间：收录机为1h，电视机为4h。

1. 系统的构成

由于负载为交流负载，所以采用交流负载蓄电池使用型系统。

2. 太阳电池容量的计算

由于使用12V的蓄电池，因此，录音机、电视机的消费电流：

收录机的消费电流为　　$I_R = 10(\mathrm{W})/12(\mathrm{V}) = 0.84(\mathrm{A})$

电视机的消费电流为

$$I_{TL} = 60(\mathrm{W})/12(\mathrm{V}) = 5(\mathrm{A})$$

一日所必要的电流：

收录机为

$$I_{RT} = 0.84(\mathrm{A}) \times 1 = 0.84(\mathrm{A \cdot h})$$

电视机为

$$I_{TL} = 5(\mathrm{A}) \times 4 = 20(\mathrm{A \cdot h})$$

总的消费电流：

$$0.84(\mathrm{A \cdot h}) + 20(\mathrm{A \cdot h}) = 20.84(\mathrm{A \cdot h})$$

平均日照时间为3h，则 I_S 为

$$I_S = 20.84(\mathrm{A \cdot h})/(0.6 \times 3 \times 0.8) = 14.5(\mathrm{A})$$

可以选择动作电压15V，$I_{op} = 1.2(\mathrm{A})$ 的太阳电池12枚，其电流为14.4A，输出功率为216W。

3. 蓄电池容量的计算

由前面的计算可知，一日所必要的电流量为20.84A · h，连续雨天日为7d，由于蓄电池每天重复充放电，因此放电深度取0.5，蓄电池容量为

$$C=20.84(\mathrm{A\cdot h})\times 7/(0.75\times 0.5\times 0.8)=487(\mathrm{A\cdot h})$$

选 500A · h 的蓄电池即可。

4. 逆变器

前面说过逆变器是一种将直流电转换成交流电的装置。对于本设计系统来说，要将 12V 的直流电变成 220V 的交流电。由于录音机与电视机的消费功率为 70W，因此必须选择 70W 以上容量的逆变器。逆变器的容量一般用单位(VA)来表示，其容量通常取消费功率的 1.5 倍左右。

根据以上计算，太阳电池的输出功率为 216Wp，电压为 15V，太阳电池 12 枚；蓄电池的电压为 12V，容量为 500Ah；逆变器的输入电压为 12V，输出电压为 220V/50Hz，容量为 330VA。

7.4.1.4　直、交流负载蓄电池使用型系统的设计

为了说明直、交流负载蓄电池使用型系统的设计方法，这里假定直流负载为 12V/36W 的电灯、一日使用时间为 2h。交流负载为 220V/24W 的计算机，一日使用时间为 3h。考虑到雨天、夜间使用的需要，假定蓄电池储存的电力能满足使用 5 天的需要。根据以上要求可选择直、交流负载蓄电池使用型系统。下面说明直、交流负载蓄电池使用型的太阳能光伏系统的设计方法。

1. 电器的消费电流的决定

电器的消费功率、额定电压已知时，电器的消费电流可由下式确定：

$$\text{消费电流}=\text{消费功率}/\text{额定电压} \tag{7.20}$$

对于直流 12V/36W 的电灯来说，电灯的消费电流 = 36W/12V = 3A。

由于计算机为交流负载，因此应计算出交流消费电流，然后换算成直流消费电流。计算机的交流消费电流 = 24W/220V = 0.11A；直流消费电流 = 24(W)/12(V) = 2(A)。

2. 太阳电池一日的必要发电电流量的决定

由于太阳电池的设置条件与气象、污染状况等有关，并非一直处在最佳的发电状况，因此需要对太阳电池的出力进行修正。一般用下式计算太阳电池一日所需发电电流量：

$$\begin{array}{c}\text{太阳电池一日的必}\\\text{要发电电流量(Ah/d)}\end{array}=\frac{\text{一日的消费电流量(Ah/d)}}{\begin{array}{c}\text{出力修正系数}\times\text{蓄电池充放电损失}\\\text{修正系数}\times\text{其他修正系数}\end{array}} \tag{7.21}$$

式中：出力修正系数与气象条件、电池板的污染状况、老化等有关，一般取 0.85，蓄电池的充放电损失系数与蓄电池的充放电效率有关，一般取 0.95，其他的修正系数与逆变器的转换效率、损失有关，详见使用说明书。

太阳电池一日所需发电电流量被确定之后，则需要根据太阳电池设置地区的平均日照时间决定太阳电池的必要电流。太阳电池的必要电流根据下式确定：

$$\text{太阳电池必要电流(A)}=\frac{\text{太阳电池一日的必要发电电流量(Ah/d)}}{\text{一日平均日照时间(h)}} \tag{7.22}$$

平均日照时间一般根据一年的日照时间来决定，太阳电池所使用的地区不同则平均日照时间也不同，对于一般的地区来说，将日照量换算成 $1000W/m^2$ 时，平均日照时间为2.6~4h，这里以平均日照时间为3.3h为例。

由于所使用的电灯为直流电器，式中的其他修正系数可取1；而计算机为交流负载，需要通过逆变器将太阳电池的直流电转换成交流电，这里假定逆变器的转换效率为80%，需要说明的是逆变器的转换效率与制造厂家、产品有关，请参阅厂家的产品说明书。

太阳电池一日所需发电电流量的计算如下：

$$\text{太阳电池一日的必要发电电流量(Ah/d)}=\frac{3(A)\times2(h)}{0.85\times0.95\times1}+\frac{2(A)\times3(h)}{0.85\times0.95\times0.8}=16.7(Ah/d)$$

太阳电池的必要电流计算如下：

$$\text{太阳电池必要电流(A)}=\frac{16.7(Ah/d)}{3.3(h/d)}=5.06(A)$$

将太阳电池与太阳的光线成直角设置时，太阳电池的出力最大。太阳电池的设置角度一般选择一年之中发电效率最高的南向与水平面的角度，设置场所应选择一年中日照时间最短日(冬至前后)的日中(上午9点到下午3点)，并且太阳电池无阴影的地方。如果条件允许可以设置能够根据冬、夏调整太阳电池角度的支架，使太阳电池的出力增加。

3. 太阳电池的最大出力电压的计算

$$\text{太阳电池的最大出力电压}=\text{蓄电池的公称电压}\times\text{满充电系数}+\text{二极管电压降} \tag{7.23}$$

这里使用铅蓄电池，其公称电压为12V，满充电系数为1.24，使用硅整流二极管，其电压降为0.7V，太阳电池的最大出力电压的计算如下：

$$\text{太阳电池的最大出力电压}=12\times1.24+0.7=15.58(V)$$

4. 太阳电池的选定

太阳电池的必要电流以及最大电压决定之后，可参考太阳电池的规格选择适当的太阳电池。由于太阳电池的出力受光的强度的影响会发生较大的变化，另外，太阳电池的出力也受其设置场所的方位、角度的影响，有时难以得到足够的电能，因此，在选择太阳电池时必须考虑这些因素并留有余地。

5. 太阳电池并联、串联的连接方法

一枚太阳电池往往难以满足实际负载的需要，因此必须将数枚太阳电池并联或串联连接，以满足负载的电压、电流以及功率的需要。数枚太阳电池并联或串联使用时，应尽量使用同一规格的太阳电池，因为不同规格的数枚太阳电池并联或串联使用时，由于相互出现电压不等现象，有时难以充分发挥太阳电池的功能。

串联连接是将同一规格的各太阳电池的正极与负极分别连接的方法。这种连接方法可使输出电压增加，但输出电流保持不变。

如某太阳电池厂家制造的太阳电池的规格：

(1)最大出力为 50(W)；

(2)最大输出电压为 15.9(V)；

(3)最大输出电流为 3.15(A)。

2 枚太阳电池串联时：

(1)最大出力为 100(W)(50W×2)；

(2)最大输出电压为 31.8(V) (15.9V×2)；

(3)最大输出电流为 3.15(A) (不变)。

并联连接是将同一规格的数枚太阳电池的正极全部相连、然后将负极全部相连，使输出电流增加，而输出电压不变的连接方法。

同样，如果太阳电池的规格如上，2 枚太阳电池并联连接时：

(1)最大出力为 100(W) (50W×2)；

(2)最大输出电压为 15.9(V)(不变)；

(3)最大输出电流为 6.3(A)(3.15A×2)。

由此可知，将两枚太阳电池并联使用时，可以满足前面算出的太阳电池的必要电流 5.06A，最大输出动作电压 15.58V 以上的需要。

6. 蓄电池的容量计算

计算蓄电池容量时，需要考虑蓄电池充放电损失，如发热损失。蓄电池保守率用来对蓄电池充放电时的损失进行修正，保守率一般为 0.8 左右。蓄电池的容量由下式计算：

$$\text{蓄电池的容量(Ah)}=\frac{\text{一日的消费电流量(Ah/d)}\times\text{连续无日照保障日数(d)}}{\text{蓄电池保守率}} \tag{7.24}$$

代入以上的数据，可计算出蓄电池的容量。

$$\text{蓄电池的容量(Ah)}=\frac{16.7(\text{Ah/d})\times 5(\text{d})}{0.8}=104(\text{Ah})$$

7. 蓄电池的选定

太阳电池与蓄电池一起使用时，必须合理地选择蓄电池并对其进行维护。选择蓄电池时必须考虑负载容量、蓄电池的放电深度、设置环境、价格成本以及使用寿命等因素。另外，蓄电池出现过充电时，过多地消费蓄电池的电解液，从而导致蓄电池破损。因此，系统经常使用对蓄电池有利。

蓄电池的种类较多，目前铅蓄电池以及碱蓄电池用得较广。一般地说，铅蓄电池容量大、价格较便宜，但重量较重，期待寿命一般在 3~15 年。而碱蓄电池寿命长、一般为 12~20 年，大电流放电特性较好、重量较轻，但价格较高。太阳能光伏系统一般使用容量较大、价格比较便宜的铅蓄电池。

8. 充放电控制器的选定

充放电控制器由阻塞二极管、继电器、温度修正装置等构成。阻塞二极管用来防止蓄电池的电流流向太阳电池。继电器的作用是根据照度传感器以及太阳电池的输出电压判断出没有日光，然后将蓄电池与负载连接。温度修正装置具有检测出蓄电池的温度，然后对充电电压进行修正的功能。

充放电控制器的选择与蓄电池输入电流、负载电流有关，设计时要留有一定的余地，一般用保守率来表示，保守率一般取 0.85。蓄电池输入电流、负载电流分别由下式计算：

$$\text{蓄电池的输入电流(A)}=\frac{\text{太阳电池的短路电流(A)}}{\text{保守率}} \tag{7.25}$$

$$\text{负载电流(A)}=\frac{\text{直流电器的最大出力(W)}}{\text{系统电压(V)}\times\text{保守率}} \tag{7.26}$$

将有关数据代入式(7.26)，可以计算出蓄电池输入电流、负载电流：

$$\text{蓄电池的输入电流(A)}=\frac{6.9\text{(A)}}{0.85}=8.12\text{(A)}$$

$$\text{负载电流(A)}=\frac{36\text{(W)}}{12\text{(V)}\times 0.85}=3.5\text{(A)}$$

充放电控制器的最大输入电压必须大于太阳电池的开放电压(这里为 19.8V)，以防止充放电控制器受到损坏。

9. 逆变器的选定

逆变器是一种将直流电转换成交流电的装置。根据转换的原理可分为正弦波形、模拟正弦波形以及矩形波形等种类。正弦波逆变器与一般家庭所供给的商用电源的电压波形相同。模拟正弦波逆变器转换效率较高、体积小、轻便，但价格较高。矩形波逆变器较便宜，但有运转噪音。

选定逆变器时，需要计算出逆变器的输入、输出电流。这里假定所使用的逆变器的效率为 90%，逆变器的输入、输出电流可由下式计算。必须注意逆变器的输入电流与输出电流是不同的，见图 7.5 所示。

$$\text{逆变器的输出电流(A)}=\frac{\text{交流输出(W)}}{\text{交流电压(V)}} \tag{7.27}$$

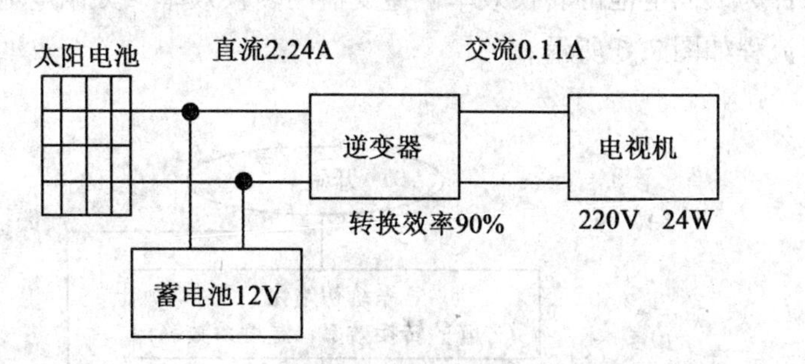

图 7.5　逆变器的输入电流与输出电流的关系

$$\text{逆变器的输入电流(A)} = \frac{\text{逆变器输出电流(A)} \times \text{交流电压(V)}}{\text{系统电压(V)} \times \text{转换效率}} \tag{7.28}$$

由于计算机负载为 24W，220V，逆变器的输出电流、输入电流如下：

$$\text{逆变器的输出电流}\quad \text{(A)} = \frac{24\text{(W)}}{220\text{(V)}} = 0.11\text{(A)}$$

$$\text{逆变器的输入电流}\quad \text{(A)} = \frac{0.11\text{(A)} \times 220\text{(V)}}{12\text{(V)} \times 0.9} = 2.24\ \text{(A)}$$

对于直、交流负载蓄电池使用型系统的各部分连接来说，原则上应将逆变器与蓄电池直接相连。由于 220V 的电器在开关接通的瞬间会超过额定功率，如果将其与充放电控制器连接，流过的大电流会导致充放电控制器损坏。但是，如果流向逆变器的最大电流小于充放电控制器的额定负载电流，则可按蓄电池、充放电控制器、逆变器的顺序连接。

7.4.2　使用计算机仿真方法设计独立型太阳能光伏系统

以上介绍了使用参数分析法设计独立型太阳能光伏系统的方法。下面以直、交流负载直接型太阳能光伏系统为例，简要说明用计算机仿真方法设计独立型太阳能光伏系统的方法。

如前所述，用计算机仿真方法设计独立型太阳能光伏系统时，需要使用太阳能光伏系统设置地点的标准气象数据，如户外温度、直达日照量、风向、风速、云量等。根据太阳电池方阵、蓄电池、逆变器等的数学模型、负载的特性、标准气象数据以及方阵的面积进行最优设计以及确定运行模式。仿真时通常以一年为对象，进行 8 760h 的连续计算，决定太阳电池方阵容量、蓄电池容量、逆变器的大小以及运行工作点等。

这里，以太阳电池方阵容量的设计为例说明计算机仿真的设计方法。其中，系统的初始条件为太阳电池的转换效率、逆变器的转换效率、太阳电池方阵的温度系数等，计算流程如图 7.6 所示。

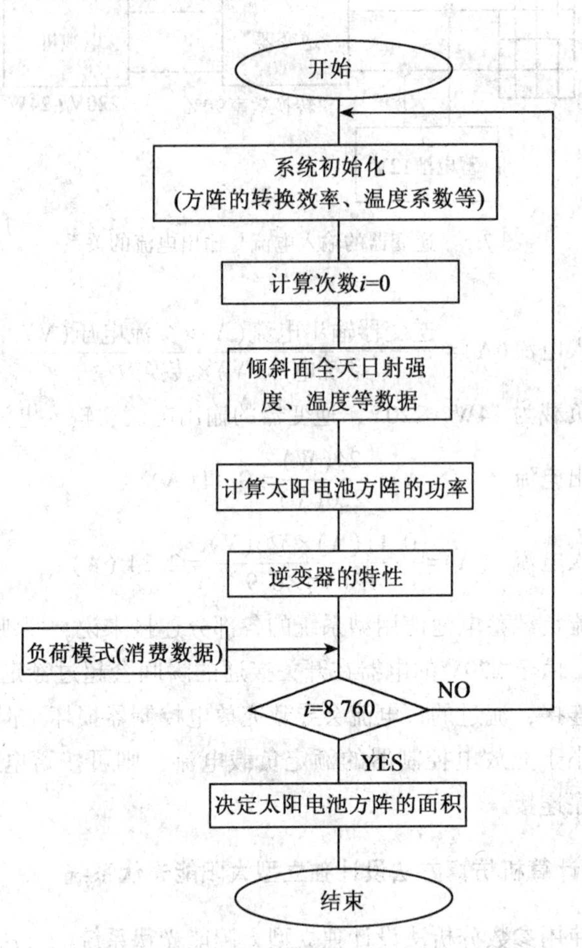

图 7.6 用计算机仿真法设计独立型太阳能光伏系统(方阵面积的计算)

对于蓄电池使用型独立型太阳能光伏系统来说，进行蓄电池的容量计算时，首先，适当设定蓄电池的端电压 V_1，再算出此电压所对应的太阳电池方阵的输出电流 I_1 以及与负载功率相应的逆变器的输入电流 I_3，根据二者之差(I_1-I_3)计算出蓄电池的电流 I_2，然后由 I_2 计算出蓄电池的电压 V_2，当 V_1 与 V_2 的差在允许范围内时，则结束此计算进行下一步的计算，若 V_1 与 V_2 之差较大，则取 V_1 与 V_2 的平均值 V_{aV} 作为新的 V_1 代入再进行计算，直到 V_1 与 V_2 之差在允许范围内，然后结束此计算而进行其他的计算。计算流程如图 7.7 所示。

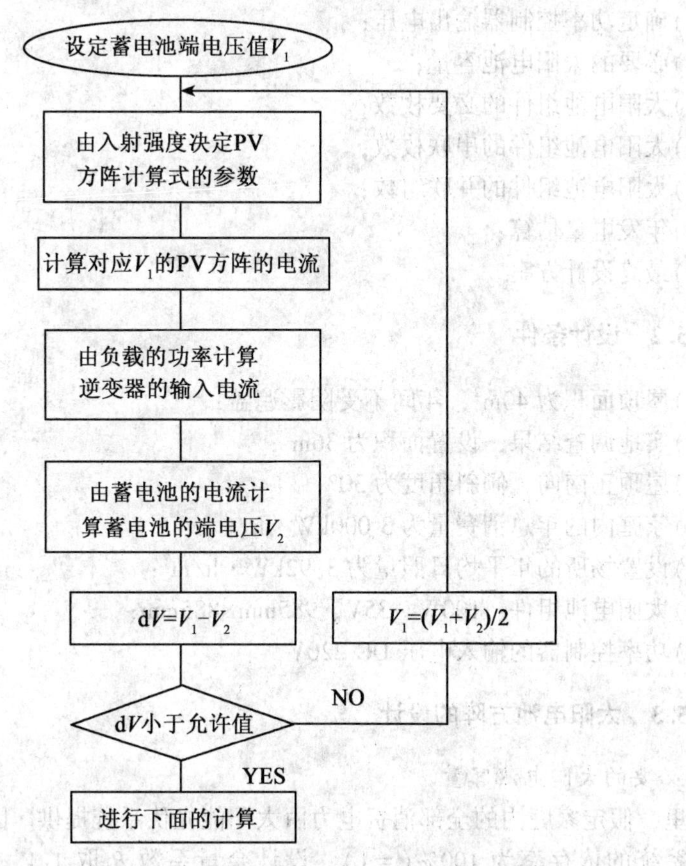

图 7.7　用计算机仿真法设计独立型太阳能光伏系统

7.5　住宅用太阳能光伏系统的设计

这里用参数分析法，以住宅型屋顶太阳能光伏系统为例，介绍太阳电池方阵的设计步骤，在给定的条件下介绍太阳电池方阵的设计方法，并计算必要的太阳电池容量、方阵的枚数、串、并联数，并对系统的年发电量进行估算。

7.5.1　设计步骤

住宅用太阳能光伏系统一般为有反送电的并网系统，因此这里以住宅用太阳能光伏系统为例说明设计步骤。其步骤如下：

(1)屋顶调查，包括结构形状、方位、周围的状况等；

(2)太阳电池设置场所的选定(强度、面积等);
(3)确定功率控制器输出电压;
(4)必要的太阳电池容量;
(5)太阳电池组件的必要枚数;
(6)太阳电池组件的串联枚数;
(7)太阳电池组件的并联组数;
(8)年发电量估算;
(9)最终设计方案。

7.5.2 设计条件

(1)屋顶面积为 $40m^2$,年间不受阴影遮盖;
(2)实地调查结果,设置面积为 $36m^2$;
(3)屋顶正南向,倾斜角度为 30°;
(4)家庭内的年总消费量为 3 000kW·h;
(5)设置场所的年平均日照量为 3.92kW·h/m^2;
(6)太阳电池组件:100W、35V、985mm×885mm;
(7)功率控制器的输入电压 DC 220V。

7.5.3 太阳电池方阵的设计

1. 必要的太阳电池容量

这里,假定家庭内的全部消费电力由太阳能光伏系统提供。因此,负载对太阳能光伏系统的依存率为 100%(=1),设计余量系数 R 取 1.1,综合设计系数取 0.58,满足年消费量时的必要的太阳电池容量由如下公式计算:

$$P_{AS}=\frac{E_L DR}{(H_A/G_S)K}$$

$$P_{AS}=\frac{3000/365\times1.0\times1.1}{(3.92/1.0)\times0.77}=2.994(kW)$$

2. 太阳电池组件的必要枚数

太阳电池必要枚数=2.994(kW)÷100(W)=2994÷100=29.94(枚),取 30 枚。

3. 太阳电池组件的串联枚数

由于功率控制器的输入电压为 DC 220V,一枚太阳电池的输出电压为 35V,所以串联枚数为 220(V)÷35(V)=6.29(枚)。因此,6 枚串联的太阳电池组件构成一组,此组的出力为 600W(100W×6 枚),电压为 210V(35V×6 枚),面积约为 $6m^2$。

4. 并联组数

由于设置面积为 $36m^2$,一组太阳电池所占面积为 $6m^2$,所以并联组数为

$$36(\mathrm{m}^2)\div 6(\mathrm{m}^2)=6(\text{组})$$

即可配置6组。将各组并联起来便构成方阵，因此设置可能的太阳电池方阵的容量为

$$600(\mathrm{W})\times 6=3600(\mathrm{W})$$

因此，此户可设置3.6kW的太阳能光伏系统。

最后，考虑屋顶的形状、阴影、维护等对太阳电池组件进行布置设计，以确保3kW的太阳电池方阵设置无误，到此太阳能光伏系统的设计结束。

系统设计完后，所设计的太阳电池方阵到底能产生多大的年发电量，还必须对此系统的年发电量进行估算，可以由下式估算：

$$E_{\mathrm{P}}=\frac{H_{\mathrm{A}}KP_{\mathrm{AS}}}{G_{\mathrm{S}}}$$

$$E_{\mathrm{P}}=(3.92\times 365\times 0.77\times 3.6)/1=3966.2(\mathrm{kW}\cdot\mathrm{h})$$

一年的发电量为3966.2kW·h，能满足年3000kW·h的需要。

住宅并网型太阳能光伏系统设计时，用参数分析法设计一般比较粗略，而采用计算机仿真法，使用日照量、温度、风速以及负载等数据进行实时计算，得出的结果比较精确。

7.6 太阳能光伏系统成本核算

太阳能光伏系统的费用一般可分成设置费用与年经费。设置费用包括系统设备费用、安装施工以及土地使用费用，系统设备费用中逆变器以及系统并网保护装置的费用约占一半。太阳能光伏系统的年经费(年直接费用)包含人工费、维护检查费等。住宅用太阳能光伏系统的年经费非常低。

太阳能光伏系统的成本一般用发电成本来评价，用下式计算：

$$\text{发电成本}=\text{年经费}\div\text{年发电量}$$

年发电量可以由下式估算：

$$E_{\mathrm{P}}=\frac{H_{\mathrm{A}}KP_{\mathrm{AS}}}{G_{\mathrm{S}}}$$

式中：E_{p}——年发电量，kW·h；

P_{AS}——标准状态时太阳电池方阵的容量，kW；

H_{A}——方阵表面的年日照量，$\mathrm{kW/m^2}$·年；

G_{S}——标准状态下的日照强度，$1\mathrm{kW/m^2}$；

K——综合设计系数。

火力发电或核电等的发电成本一般根据电力公司的年经费(人事费、燃料费以及其他诸费用)算出，但太阳能光伏系统则采用下式计算：

发电成本元/千瓦时 =((设置费用÷使用年数)+年直接费用)÷年发电量

现在，与其他的发电方式如火力发电、核电等比较，太阳能光伏系统的发电成本较高。但随着太阳能光伏系统的大量应用与普及，将来会与现在的发电方式的成本接近或基本相同。

第8章 太阳能光伏系统的应用

太阳能光伏系统的应用已经非常广泛，应用的范围已遍及民用、住宅、产业、宇宙等领域。目前主要应用领域为：宇宙开发、海洋河川、通信、道路管理、汽车、运输、农业利用、住宅、大中规模利用以及太阳能发电所等。本章主要介绍太阳能光伏系统在民用、住宅、产业、大楼、集中并网以及大型光伏电站等方面的应用情况。

8.1 民用太阳能光伏系统

太阳电池于1958年在人造卫星上首次被使用。当时由于价格昂贵，70年代前太阳电池未得到广泛地使用。1962年在收音机上太阳电池被首次使用，才拉开了太阳电池在民用上应用的序幕。但由于当时三极管的耗电功率较大，未能得到广泛地应用。随着半导体集成电路IC、LSI的发展使电子产品的耗电功率大幅度下降以及非晶硅电池的低成本制造成功，1980年太阳电池在计算器上被应用。以后在钟表上应用，相继出现了太阳能计算器、太阳能钟表等电子产品，使太阳电池在民用上得到越来越广泛地应用。

8.1.1 太阳能计算器

图8.1为太阳能计算器的外观，太阳电池为独立的系统，太阳能计算器一般

图8.1　太阳能计算器

采用非晶硅太阳电池。对液晶显示的计算器来说，由于耗电较少，所以太阳电池在荧光灯的光线照射下所产生的电力就足以满足其需要。

8.1.2 太阳能钟表

图 8.2 为太阳能手表的外观以及断面图，太阳能手表采用非晶硅太阳电池作为电源。太阳电池较薄，可以做成各种不同的形状以满足各种手表对外观的要求。现在一般将透明、柔软的太阳电池安装在本体内文字板的外圈并成圆形布置。

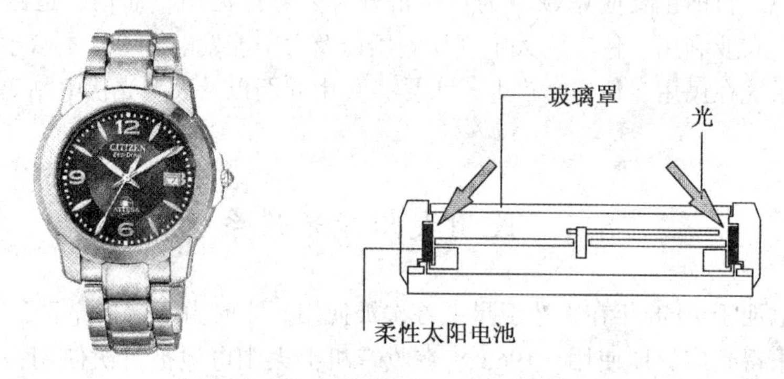

图 8.2 太阳能手表的外观以及断面图

最近，在公园以及公共设施处可以看到太阳能钟表。由于钟表技术的发展，节能的钟表不断出现，用小容量的太阳电池作动力成为可能，图 8.3 为太阳能钟表的应用实例。

图 8.3 太阳能钟表的应用实例

白天太阳电池所产生的电力直接驱动太阳能钟表，并将剩余电力通过蓄电池储存起来，日落后传感器感知太阳电池的输出降低，这时控制器使蓄电池向太阳能钟表供电，以保证太阳能钟表走时准确。

8.1.3　太阳能充电器

1. 手机等用太阳能充电器

现在，带有小型充电电池的手机、笔记本电脑以及数字照相机等应用已非常普及。这些设备在远离商用电源的地方使用时存在充电的问题。太阳能充电器可以解决这个问题，图 8.4 为手机用太阳电池充电器。

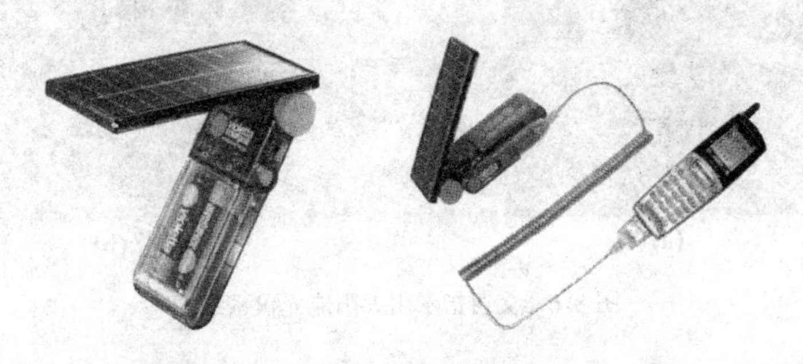

图 8.4　太阳电池充电器

2. 车用蓄电池太阳能充电器

车用蓄电池如果长时间不使用时，由于自然放电会使蓄电池的电压下降。为了避免这种情况的发生，一般使用车用蓄电池太阳能充电器对蓄电池进行充电，图 8.5 为车用蓄电池太阳能充电器。由于车用蓄电池的电压为 12V，因此必须将数枚太阳电池串联以满足车用蓄电池的电压的要求。因为一枚非晶硅太阳电池可以获得比较高的电压，所以车用蓄电池太阳能充电器常用非晶硅太阳电池。

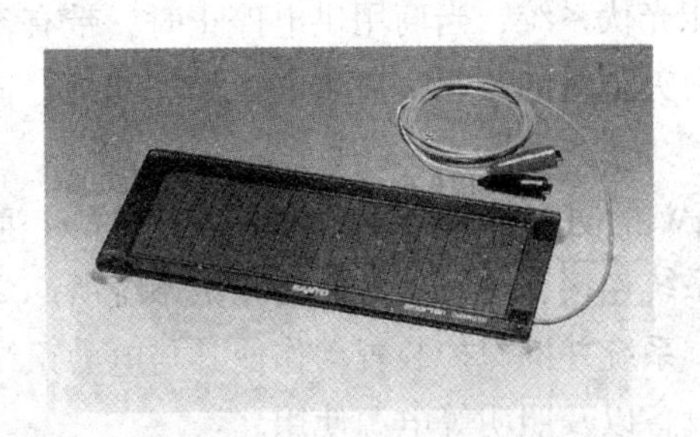

图 8.5　车用蓄电池太阳能充电器

8.1.4　交通指示用太阳能光伏系统

以前，太阳能光伏系统主要用于指示板等荧光灯的照明电源。现在，一般将太阳电池与高亮度 LED 组合构成交通指示用太阳能光伏系统，如自发光式道路指示器、方向指示灯以及障碍物指示灯等，图 8.6 分别为自发光式障碍物指示灯(图(a))以及方向指示灯(图(b))。

(a)　(b)

图 8.6　交通指示用太阳能光伏系统

这些指示灯所使用的蓄电器一般为密封型蓄电池或超级电容，具有充电简单等特点。由于交通标志可能设置在建筑物、偏僻的地方，因此会出现照射时间短、有时只能接收散乱光的情况，所以，设计太阳电池的容量时，应比通常的独立型系统大 5~10 倍。另外，由于指示灯使用的场所不同还应满足强度、耐腐蚀等要求。

8.1.5　防灾、救助太阳能光伏系统

灾害时，太阳能光伏系统作为独立电源一般用于避难引导灯、防灾无线电通信等。对于并网型太阳能光伏系统，当商用供电停止时，带有蓄电池的独立运行切换型太阳能光伏系统可向灾害时的紧急负荷供电，如加油站、道路指示以及避难场所指示等。

图 8.7 所示为 60kW 的防灾型太阳能光伏系统的全景。通常，该系统通过系统并网保护装置与电力系统连接，防灾型太阳能光伏系统所产生的电能供给工厂内的负荷。当灾害发生时，系统并网保护装置动作使其与电力系统分离，然后作为紧急通信、避难所、医疗设备以及照明等电源使用。

8.1.6　其他应用

图8.8为路灯用太阳能光伏系统。图8.9为太阳能玩具、太阳能换气扇以及庭园灯使用的情况。

图8.7　防灾、救助太阳能光伏系统

图8.8　路灯用太阳能光伏系统

图8.9　太阳能玩具、太阳能换气扇以及庭园灯

8.2　住宅用太阳能光伏系统

现在，住宅用太阳能光伏系统的设置正在不断增加，不只是已有的住宅，新建住宅设置太阳能光伏系统也在增加，一般以分布系统的形式设置。标准的住宅用太阳能光伏系统一般南向设置，容量为3~5kW，一般采用并网型太阳能光伏系统，太阳电池方阵的直流电通过逆变器转换成交流后供给住宅内的负载。如果太阳能光

伏系统所产生的电能大于负载则通过配电线向电力公司卖电。相反，则从电力公司买电。住宅用太阳能光伏系统的全年发电量中大约40%的电量供住宅内的负载消费，余下的60%出售给电力公司。但是，由于夜间太阳能光伏系统不能发电，因此，住宅内的负载约60%的电量需要从电力公司买入。一般来说，容量为3~5kW的住宅型屋顶太阳能光伏系统基本能满足一般家庭的年消费量的需要。图8.10为各种形式的住宅用太阳能光伏系统。

图8.10 住宅用太阳能光伏系统

8.3 大楼用太阳能光伏系统

大楼、高层建筑物等处设置太阳能光伏系统时，一般采用常用的太阳电池组件，也可采用建材一体型太阳电池组件。组件有标准型、屋顶材一体型以及强化玻璃复合型等。

大楼用太阳能光伏系统主要用于公共设施、产业用建筑物、办公楼、学校、体育馆、医院、福利设施、工厂、车站、码头、机场等。与住宅用太阳能光伏系统相比，其规模较大，设置面积一般超过100m^2、设置容量在10~1 000kW。另外，大楼用太阳能光伏系统的电能一般自己消费，很少卖电，卖电价格可能会低于住宅用太阳能光伏系统的价格，因此会减少电力公司的负担。除此之外，灾害发生时，大楼用太阳能光伏系统作为备用电源可以为大楼供电。图 8.11 为大楼壁面设置的太阳能光伏系统。

图 8.11　大楼壁面设置的太阳能光伏系统

图 8.12、图 8.13 分别为大学校园内设置的屋顶型、采光型太阳能光伏系统。系统的容量为 40kW，太阳电池方阵约 400m²，日照量为 1 500kW · h/m²，整个系统所产生的电量约为 45 000kW · h。太阳能光伏系统所产生的电力由 4 台逆变器变成交流电后供学校照明、空调设备使用。

图 8.12　屋顶设置型太阳能光伏系统

图 8.13　采光型太阳能光伏系统

图 8.14 为工厂厂房顶设置的太阳能光伏系统，图 8.15 为大楼的房顶以及幕墙上设置的太阳能光伏系统。

图 8.14　厂房顶设置的太阳能光伏系统

图 8.15　大楼设置的太阳能光伏系统

8.4　集中并网型太阳能光伏系统

个人住宅型太阳能光伏系统的设置正在逐步得到应用与普及，一般为单独、分散设置。但是，随着大量住宅小区以及居住型城市的建设，集中并网型太阳能光伏系统将会得到应用与普及。图 8.16 为在某地域的住宅以及公共设施上设置的集中并网型太阳能光伏系统，住宅约 500 栋，容量为 1 000kW，该系统可为 300 栋的负载提供电能。

图 8.16　集中并网型太阳能光伏系统

8.5　大型太阳能光伏系统的应用

为了解决远离电网的偏远地区的民用、工业等用电问题，充分利用人口稀少、沙漠、荒地、荒山等丰富的土地资源，充分利用太阳辐射较强的太阳能资源以及满足调峰和承担基荷等的需要，大规模太阳能光伏系统的应用和普及十分必要，目前世界各国正在大力安装大型太阳能光伏系统。大型太阳能光伏系统一般是指容量在1MW 以上的系统。在太阳能资源非常丰富的西北、西南等地区(如沙漠地区)建设大型太阳能光伏系统非常必要，大型太阳能光伏系统产生的电能除了供当地使用之外，还可以将电能送入电网，远距离传输到大城市使用。如我国在敦煌附近建造的大型太阳能光伏系统。

利用城市周边的荒地、荒山、城区的工厂、学校、购物中心、大型停车场等建筑物的屋顶可设置大型太阳能光伏系统，一方面可就地发电，就地使用，即“地产地销”，另一方面可减轻电网的峰荷压力。大型太阳能光伏系统如图 8.17 和图 8.18 所示。

图 8.17　大型太阳能光伏系统

图 8.18　大型太阳能光伏系统(上海世博会场)

目前，负荷曲线中的基荷电能主要由火电、核电承担，由于火力发电使用煤炭、石油等化石能源，发电时排出大量的有害气体，给地球环境和人类的健康造成很大影响。而核能发电一旦出现事故，将造成人们的心理恐慌、生活影响和环境污染等重大问题，因此一些国家正在实行废核政策。为了解决火电、核电带来的问题，随着大型太阳能光伏发电等可再生能源的大量应用和普及，将会产生大量的剩余电能，为了解决大型太阳能光伏系统装机容量的增加所带来的剩余电能等问题，作为解决剩余电能储存问题的有效方法之一，著者曾提出了利用抽水蓄能电站储存剩余电能的新方法。

传统的抽水蓄能电站由可逆式抽水蓄能机组、上蓄水池、下蓄水池以及输水管道等构成。这种可逆式抽水蓄能机组可以在水泵机组工作状态，利用火电、核电等夜间所发的电能将下蓄水池水抽至上蓄水池，而在白天的峰荷时，可逆式抽水蓄能机组则在水轮机组工作状态，利用上蓄水池的水能发电，为电网提供峰值电能。

著者提出的利用抽水蓄能电站的新方法是白天利用太阳能光伏发电的剩余电能将下蓄水池水抽至上蓄水池，而在深夜利用上蓄水池的水能发电，供给深夜负荷或作为基荷电能使用，以减少或最终代替火电或核电。

第9章 智能系统

随着太阳能光伏发电等可再生能源发电的应用与普及，由于大量可再生能源发电接入传统电网所导致的系统电压升高、频率波动、谐波以及供需平衡等问题的出现，出于对世界环境问题以及对普及可再生能源的强烈意识，著者曾于1998年提出了“地域(Community)并网型太阳能光伏系统”(参照5.3.6小节)的概念，后来相继出现了微网、智能电网、智能城市等提法。本节主要介绍智能电表、智能房、智能微网、智能电网、智能城市等基本概念、构成、特点以及应用等情况。这里所说的智能系统(Smart System)主要是指智能电表、智能房、智能微网、智能电网、智能城市等。智能的含义是指进行合理分析、判断、有目的的行动和有效地处理问题的综合能力，是多种才能的总和，或称为智慧和能力的总和。

9.1 智能电表

9.1.1 智能电表

以前，用来测量电量的电表一般为机械式，它只有模拟显示的单纯功能，没有数字显示及双向通信功能，不能满足多功能使用等的需要，因此人们研制了具有智能功能的电表并投入市场。在智能微网、智能电网以及智能城市中，可使用具有通信功能的智能电表，使电网达到最优控制。

智能电表(Smart Meter)是一种在电力公司与用户之间设有双向通信功能，具有对空调、冰箱、洗衣机、微波炉等各种用电设备进行管理的数字电表，是一种下一代新型电表。它使用无线通信或光纤网，可进行远距离测量电量、电能的开通和切断、远距离操作家电等，实现对家庭的用电量进行自动管理和调整，使家庭用电量达到最优。这种电表除了可对家庭的用电进行最优管理之外，还可对家庭、大楼以及工厂的用电状况进行实时管理，也可对易受天气影响的太阳能光伏发电等自然能源同时进行管理和调整。

9.1.2 智能电表的构成

智能电表是一种数字式电表，电表内藏有微型计算机(微处理器)、输入和输出接口、通信装置以及显示屏幕等。如图 9. 1 所示为智能电表的外形。

图 9. 1　智能电表

9. 1. 3　智能电表的功能

智能电表的功能主要有收集数据及显示功能、通信功能以及自动调整功能。收集数据及显示功能是指消费电能(如买电)、分散型电源(如太阳能发电)并用时，对卖电量数据进行累积并进行显示。通信功能可将累积的数据送往外部(电力公司)，并从外部对电器进行管理。自动调整功能可开关电器、调整如空调的设定温度，控制电能消费量达到最佳。

9. 1. 4　智能电表的应用

智能电表在智能电网中的使用情况如图 9. 2 所示。图中集中电源包括水力发电、火力发电以及核能发电等。分散型电源包括太阳能发电在内的可再生能源电源等。用户是指工厂、大楼住宅等。电力系统控制包括地域供需调整控制、分散型电源管理、电压调整控制、负荷监视预测、蓄电管理以及事故自动恢复等。用户侧管理包括系统的电压和频率监视、停电监视、盗电和漏电监视以及自动电能计量等。智能电表对用电量较大的用户以及一般家庭用户来说非常重要，在可再生能源电源大量普及时对把握其发电量也非常必要。智能电表主要在智能房、智能微网、智能电网以及智能城市等智能系统中使用，目前在欧洲、美国等国家得到使用，我国到 2015 年将安装 2. 4 亿台，到 2020 年预计将安装 4 亿~5 亿台。

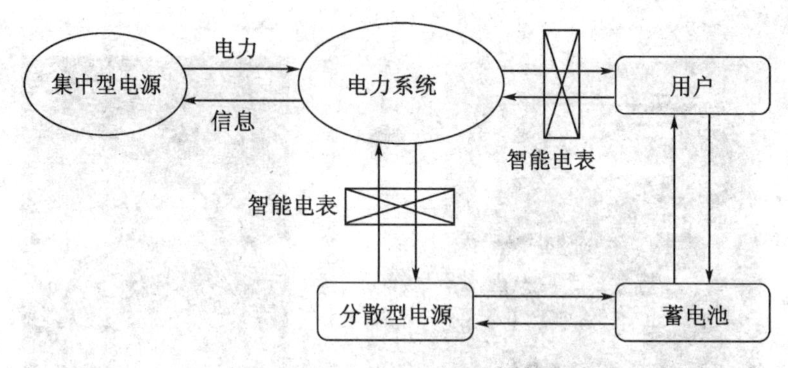

图 9.2　智能电表在智能电网中的应用

9.2　智　能　房

9.2.1　智能房

智能房(Smart House or Smart Home)是指将住宅内的家电连成网络，利用信息通信技术对太阳能发电或燃料电池等可再生能源发电、蓄电装置以及电动车等与家电进行一元化管理，对能源消费(电、热、煤气等)进行最佳管理和控制的住宅。作为智能微网、智能电网以及智能城市等智能系统的重要组成部分，如果将智能微网、智能电网以及智能城市等智能系统看着为“地域”或“面”，则智能房可视为“点”，智能房以住宅为对象，利用电网与智能房之间的信息通信功能对其使用的能源进行最优管理，把握来自电力公司的电力使用状况，提供周密的服务，使家庭节能，降低家庭的支出。除此之外，在智能房中还对空气、湿度、采光等进行最优控制，创造宜人的居住环境。

9.2.2　智能房的构成

智能房的构成如图 9.3 所示，主要由太阳电池等自然能源、蓄电池、电动车、智能家电、家庭能源管理系统(HEMS)、智能电表等。智能家电主要有电视机、LED 照明、空调等，这些家电具有信息通信、控制等功能，另外还有供热(热水设备、热水地板)、供气等设备。

9.2.3　智能房的功能

智能房使用信息通信网对家庭用发电设备、蓄电装置以及家电等用电设备、供

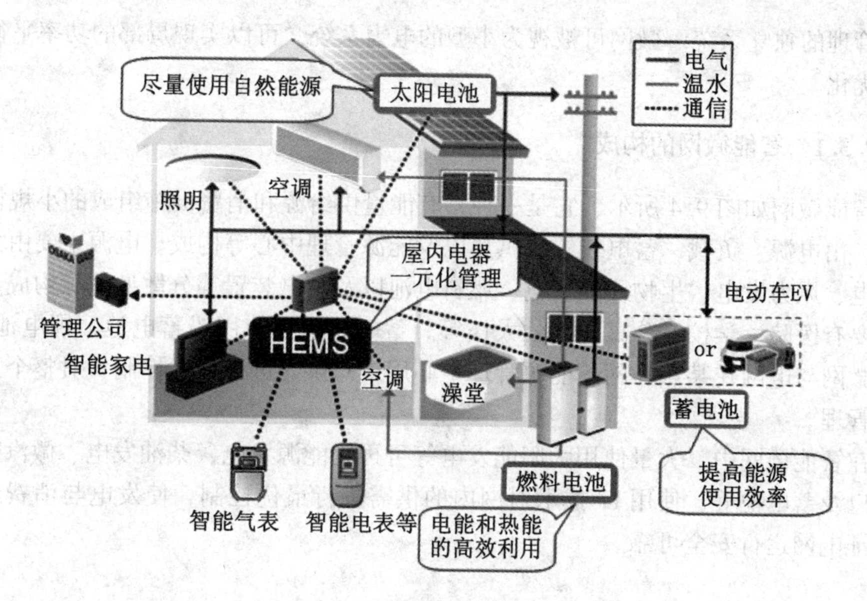

图9.3 智能房

热、供气等设备进行综合控制，削减二氧化碳排量，降低能源消费量，实现安全、舒适的生活。智能房可实现电气、热能的最优生产、储存和使用，实现零排放。目前智能房还处于试验研究阶段，在一些国家已经开始应用。智能房的功能如下：

(1)节能，使用保温、隔热材料、引入采光、遮光技术，安装高效热泵、太阳热水器、LED照明、有机EL照明等，实现节能。

(2)产能和蓄能，使用太阳能发电、燃料电池发电等分散型电源发电，并利用家庭用蓄电池或电动车进行蓄能。

(3)控能，安装使用智能电表的家庭能源管理系统(HEMS)对太阳能发电等的发电量、从电力公司的买电量以及家电的电能消费模式进行“可见化”，实行最佳监控，以便更有效地利用电能。

9.2.4 智能房的应用

智能房主要作为智能电网的一部分(见9.4.2小节)通过智能电表与电网连接，实现节电、电能的最佳使用、减排等功能。目前有一些展览用智能房问世。

9.3 智能微网

智能微网(Smart Microgrid)是指由分布式电源、储能装置、能量转换装置、相关负荷和监控、保护装置汇集而成的小型发电系统，是一个能够实现自我控制、保护和管理的独立系统。微网可被视为小型的电力系统，可以实现局部的功率平衡与能量优化。

9.3.1 智能微网的构成

智能微网如图 9.4 所示，它是一种具有能量供给源和消费设施组成的小规模能源网，由电源、负载、蓄电装置、供热以及能源管理中心等构成。电源主要由太阳能发电、风力发电、生物质能发电、燃料电池以及蓄电装置等分散型电源构成。负载主要有医院、学校、公寓、办公大楼等。蓄电装置可使用铅蓄电池、锂电池等。智能微网与电网在某点并网，能源管理中心用来对供需进行最优控制、对整个系统进行管理。

在智能微网中，大量使用太阳能发电等可再生能源发电，柴油发电、微汽轮机发电以及蓄电池等，使用 IT 技术对网内的供需进行最优控制，使发电与消费最优并保证电网运行安全可靠。

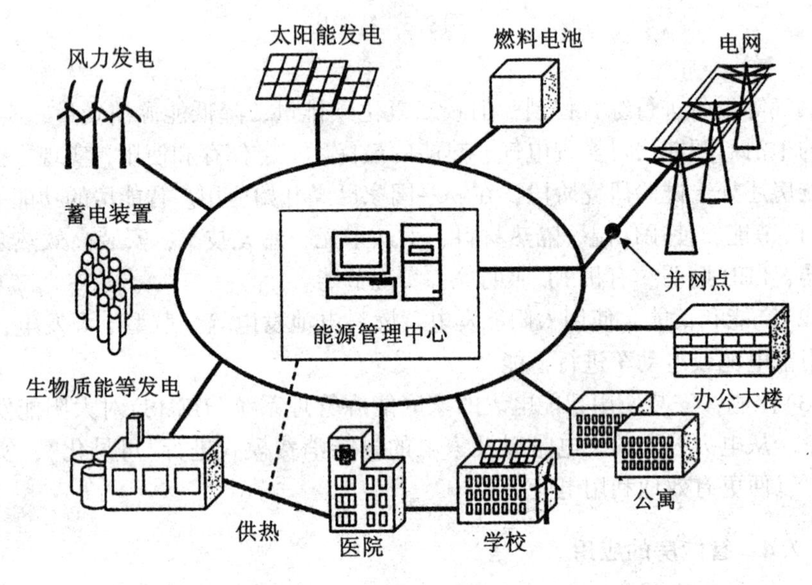

图 9.4 智能微网

9.3.2 智能微网的特点

在智能微网中由于使用太阳能、风能等发电，发电出力容易受环境、气候等的影响，导致发电出力出现较大变动，因此需要使供给特性与住宅、办公室、学校等能源需求特性相适应。由于在智能微网中使用 IT 技术对整个系统进行最优控制和管理，有利于可再生能源发电的应用与普及。与后述的智能电网、智能城市等智能系统不同，它与现有的电网无关，不依存已有的大规模发电所的电能，是一个独立的小型电网。智能微网适用于发电与消费较小的地域，一般情况下不与电网连接，但在有传统电网的地方，为了提高供电的可靠性，在需要的情况下也可与电网连接，但主要靠智能微网本身供电。

9.3.3 智能微网的应用

我国的三沙市西沙永兴岛地处南海，有着丰富的太阳能资源、风力资源以及海洋能资源，加之该岛远离南方电网，将充分利用太阳能等新能源，综合利用柴油或LNG的发电余热实现冷、热联供，实现微网供电与供能的可持续发展，最大限度地促进能源资源综合利用，保障三沙用电，将以建设“智能、高效、可靠、绿色”的岛屿型多能互补微型电网为目标，计划5年内高起点建成永兴岛智能微网这个具有海岛特色的多能智能微电网，为该岛提供电能、热能等清洁能源。

9.4 智能电网

现在的电网由大型发电站单向为用户提供电能，根据负荷需要对发电站的出力进行控制，但随季节、气候以及时间带不同，变动的太阳能光伏发电、风力发电等大量接入电网时，现在的实时跟踪负荷并对供给进行调整的控制方法则变得尤为困难。在智能电网中，当电力供给过剩时可进行储存，或告知用户，当供给不足时可由蓄电池供电，或通知不急于用电的用户减少或停止用电，根据供需双方的信息进行自动控制，使电网稳定运行。

9.4.1 智能电网

智能电网(Smart Grid)提法的背景源于电力市场的多样化以及由太阳能等新能源构成的分散电源的大量安装。由于各国的送配电网与各国的国情、地域、历史、电能需求以及存在的问题等有关，所以各国的智能电网定义的内涵不尽相同。智能电网所涉及的内容主要包括：①大幅节能、二氧化碳减排目标、引入大规模可再生能源；②确保各需要地点、地域级的能源管理；③构筑地域能源与大规模系统网络的互补关系；④新一代汽车、铁道用交通系统以及生活方式的革新、实现的可能性、适用的可能性以及先进性等。目前主要有中国、美国、欧洲以及日本对智能电网有不同定义。

中国的定义是：智能电网，就是电网的智能化，它建立在集成、高速双向通信网络的基础上，通过先进的传感和测量技术、先进的设备技术、先进的控制方法以及先进的决策支持系统技术的应用，实现电网的可靠、安全、经济、高效、环境友好和使用安全的目标，其主要特征包括自愈、激励和包括用户、抵御攻击、提供满足21世纪用户需求的电能质量、容许各种不同发电形式的接入、启动电力市场以及资产的优化高效运行。

美国的定义是：智能电网是指利用计算机、通信系统等IT技术，提高现有电力系统的功能，就用户与电力公司之间的电能的使用、发电、电能储存、使用电能的种类以及电价信息等进行收集、交换以及最佳利用。由此可见，美国的定义着眼于解决由于电网的老化、脆弱性等原因常常引起停电事故，希望通过普及智能电表的使用以提高电网稳定性和供电可靠性，解决新能源大量普及对电网的影响、峰荷需要增加导致电能不足等问题。

欧洲的定义是：使用IT技术，控制送配电网以及电源和需求，提高送配电网的可靠性和效率，并使分散电源得到大量的普及。此定义着眼于城市的能源供给系统的最优化，新能源和热利用的最优化、提高电网的可靠性和效率、分散电源的普及以及盗电等问题。

日本的定义是：所谓智能电网是指在大规模发电（如火力、核能）或分散发电（如太阳能、风能、燃料电池等）等电能供给侧与一般家庭或办公室等电能需求侧之间，加上现有的电能供需信息，并利用ICT（信息通信技术）进行与电能有关的各种信息的交换的下一代电力网。此定义着眼于对以配电自动化为中心的电力系统的革新。

9.4.2 智能电网构成

由于使用智能电网的目的等不同，所以智能电网的形式也多种多样，主要有提高可靠性强化型、高增长需要型、可再生能源大量普及型以及都市开发型等。

图9.5为智能电网的构成。图中环状实线以及箭头表示电力线路、流向，而虚线则表示通信、控制线路。发电站包括传统发电以及可再生能源发电，即由火力、核能、水力、风能、太阳能等发电站构成。用户主要有智能房、智能大楼、工厂等用电负载。另外还有控制系统、控制中心等。

图9.6为江西共青城市智能电网系统。江西共青城市以服装、旅游以及高技术为重点推进城市的大发展，随着人口的增加、各种基础设施的建设，能源消费量在不断增加，为了对整个地域进行协调以实现能源配置的最优化，以实现城市的发展与环保目标，江西共青城市正在推行智能电网系统。该智能电网系统主要由太阳能光伏发电、蓄电池等构成的分散电源，由住宅、写字楼、大学、工厂等构成的负载，智能电网综合管理系统以及电动巴士充电管理系统等构成。主要实现可再生能源的普及，住宅、大楼等负载的节能，地域协同动作实现高效运转以及交通的高效便捷。

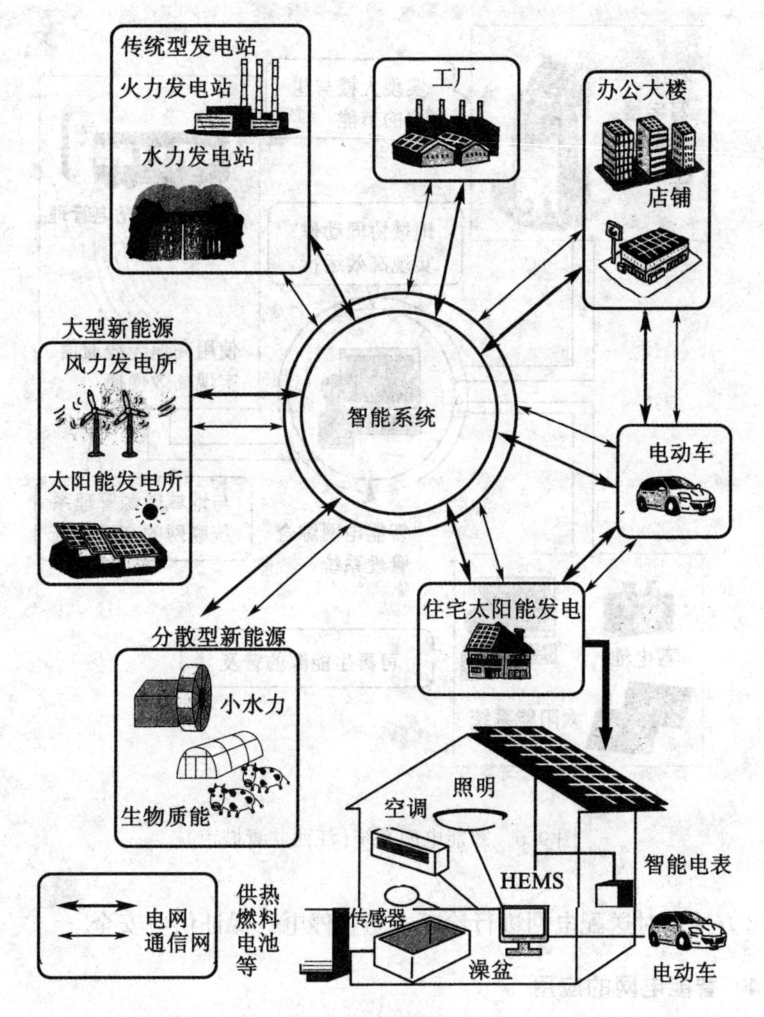

图 9.5 智能电网

9.4.3 智能电网的特点

智能电网主要有以下特点：

(1) 可对电能进行有效利用；

(2) 可对用户侧设置的包括太阳能光伏发电在内的可再生能源发电进行有效控制，有利于可再生能源发电的应用与普及；

(3) 可对电动车的充放电进行方便管理，有利于电动车的应用与普及；

(4) 可实现节能、峰荷平移；

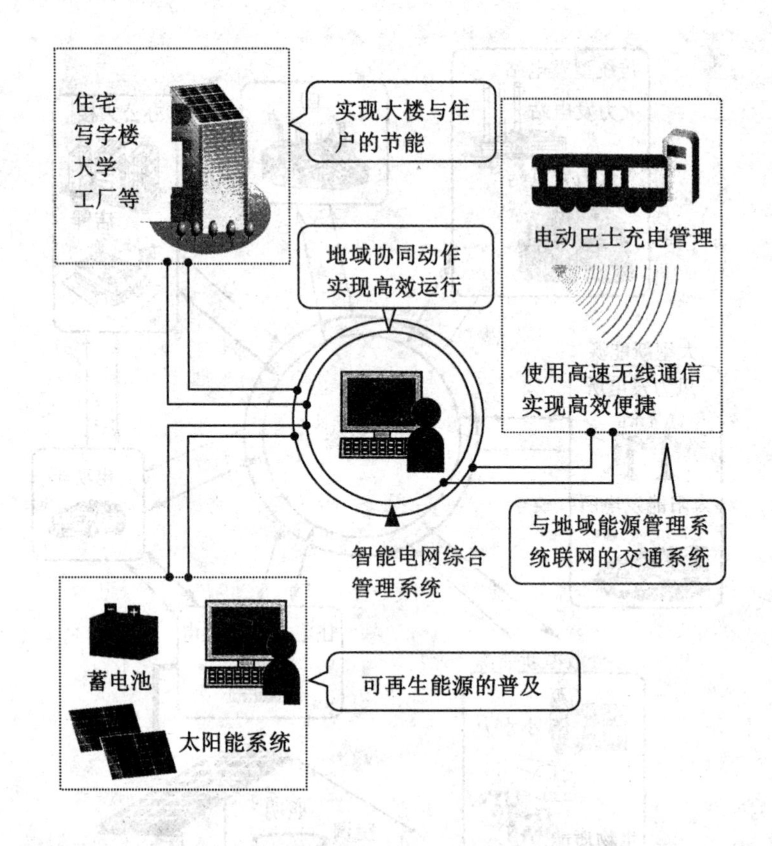

图 9.6 智能电网系统(江西共青城市)

(5)可方便地对送配电网进行诊断、防止停电，保证供电安全。

9.4.4 智能电网的应用

目前，智能电网还处在研究、试验阶段，我国在江西共青城市正在进行智能电网的试验研究。美国和西班牙等国的智能电网也在试验研究中。日本经济产业省已经选定横滨市、丰田市、京都府(京阪奈学园都市)以及北九州市作为智能能源系统试验地区，即新一代能源社会系统试验地区。

横滨市将安装 27MW 的太阳能光伏系统，将 4 000 户住宅及大楼智能化，以证实电力、热地域能源系统与大规模网络的互补关系。除此之外将使用 2 000 台新型汽车研究新一代交通系统，对未来城市模式进行研究。丰田市的二氧化碳减排目标是家庭为 20%，交通为 40%，将与当地的大型企业以及地方团体协商，进行能源的有效利用、低碳交通系统方面的研究。京都府(京阪奈学园都市)将在家庭、办公楼内安装发电、蓄电装置用智能控制系统，以家庭、办公楼为单位，形成“纳米电网”。构筑能源自产自销模式，进行“地域纳米电网”与“大电网”互补方面的试验。北九州的试验项目将使用民间主导已有的太阳能、氢能等新能源资源，实现以智能电网为核心的住民地域全员参加型能源地域管理，使二氧化碳减排达到50%以上。

9.5 智能城市

9.5.1 智能城市

智能城市(Smart City or Smart Community)是一个系统的概念，即智能城市是指对电力、水、交通、物流、医疗、信息等基础设施进行综合管理、最优控制的特定地域或城市。使用智能电网、家庭能源管理系统(HEMS)使消费能源的最优化、并优化特定地域或城市的公共交通系统、公共服务系统等。

9.5.2 智能城市的构成

智能城市主要由智能电网、家庭能源管理系统(HEMS)、公共交通系统、公共服务系统等构成。智能城市的主要目的是采用最新技术提高城市的能源利用率，节省资源，建设环境友好型城市。实现智能城市必须使用IT技术，包括智能手机、智能电表等智能装置、广范围通信网络以及数据处理分析技术。

9.5.3 智能城市的应用

我国正积极开展智能城市的研究和实施工作，目前正在天津与新加坡共建“中新天津生态城”，预计2020年完成时生态城面积将达到30km^2，人口将达35万人，对污水的回收处理将达100%，垃圾的回收处理将达60%，可再生能源的利用率将达20%以上。将建设铁路网、使用天然气的公共车交通网，为居民尽量使用自行车或步行创造良好环境。将为成为智能城市先进国家而努力。

我国正在加快智能城市的试验研究，目前除了天津的“中新天津生态城”之外，还在唐山曹妃甸、北川以及吐鲁番进行新都市型智能城市研究，在密云、延庆、德州、保定、淮南、安吉、长沙、深圳以及东莞等地进行再开发型智能城市的研究。我国有约600个大城市，预计将来在约100个城市普及智能城市。

著者曾于1998年提出了“地域(Community)并网型太阳能光伏系统”(参照5.3.6小节)的概念，与后来出现的“微网”的概念类似，但“地域并网型太阳能光伏系统”提法强调的是“地域”的概念，可在特定地域或城市实施的“智能城市”中应用。

第10章　太阳能光伏系统的安装

太阳能光伏系统设计完成之后，则要进入太阳能光伏系统的安装与施工阶段。太阳能光伏系统的安装包括太阳电池方阵的安装、电气设备的安装、配线以及接地等。太阳电池方阵的安装方法根据安装的地点(如柱上、地上、屋顶等)以及不同的太阳电池组件而有不同的安装方法。本章简要介绍太阳电池的设置场所、安装方式、电气配线、接地等。

10.1　太阳电池的设置场所、安装方式概要

1. 太阳电池的设置场所

太阳电池的设置场所根据需要多种多样，可以分为柱上设置、地上设置、屋顶设置、建筑物的屋上以及幕墙设置等。

2. 太阳电池的安装方式

太阳电池的安装方式根据太阳电池的设置场所的不同而不同，前已叙及，主要有柱上安装方式、地上安装方式、建筑物屋上安装方式以及幕墙安装方式等。

10.2　住宅用太阳能光伏系统屋顶安装方法

对于住宅用太阳能光伏系统，太阳电池的屋顶安装方法有两种：一种是在屋顶已有的瓦或金属屋顶上固定好支架，然后在其上安装太阳电池；另一种是将建材一体型太阳电池组件直接安装在屋顶上。对于前一种安装方法来说可分为紧拉固定线方式和支撑金具方式。

10.2.1　屋顶安装型太阳电池方阵

屋顶安装型太阳电池方阵有整体型、直接型、间隙型以及架子型等四种不同的型式。四种不同型式的屋顶安装型太阳电池方阵的安装方法、优点及缺点如表10.1所示。

表 10.1　　**屋顶安装型太阳电池方阵的分类**

方式	施工方法	优点	缺点
整体型	直接安装在屋顶的框架中	外形优美	适用于新建的屋顶
直接型	在屋顶的水平板上直接安装	适用于已建屋顶，可与使用的瓦互换；外形优美	组件升温容易
间隙型	在已有的屋顶上设置安装支架（与屋顶面平行）	组件的温升不高	由于设置了安装支架，会影响强度
架子型	在已有的屋顶上设置安装支架（与屋顶面垂直）	可得到最佳的安装角；组件的温升不高	外形不太美； 由于设置了安装支架，会影响强度

10.2.2　紧拉固定线方式

这种方式是在屋顶的瓦上固定支架，太阳电池放在支架上，然后用数根铁丝将支架拉紧固定的方式，如图 10.1 所示。

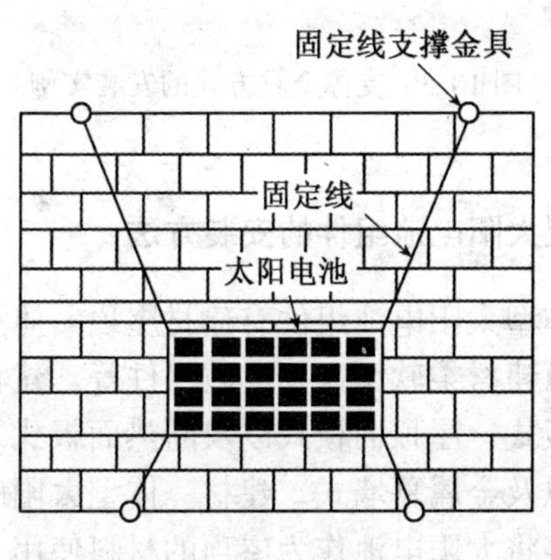

图 10.1　紧拉固定线方式

10.2.3　支撑金具方式

在已使用的屋顶材料上用螺钉将支撑部分用金具固定，然后在其上固定支架，如图 10.2 为屋顶设置的概念图，图 10.3 所示为支撑金具方式。

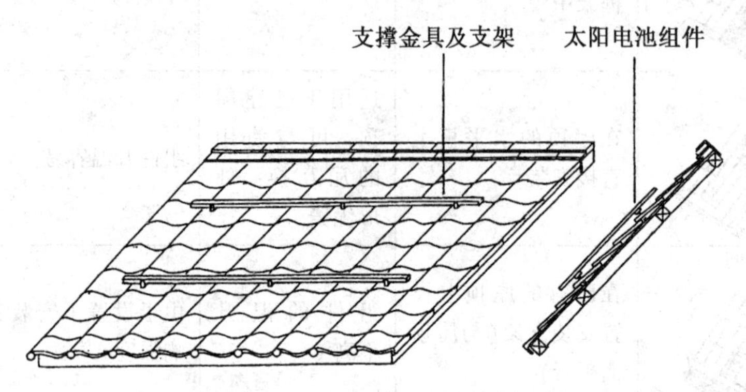

图 10.2　屋顶设置的概念图

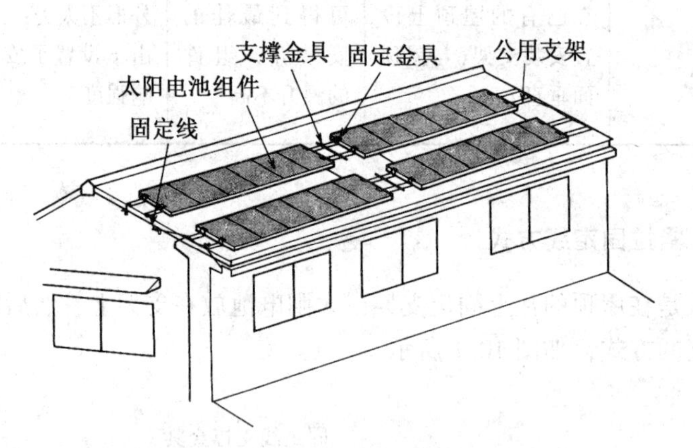

图 10.3　支撑金具方式的安装实例

10.2.4　建材一体型太阳电池组件的安装方法

如前所述，建材一体型太阳电池组件有建材屋顶一体型太阳电池组件、建材壁一体型太阳电池组件以及建材柔软型太阳电池组件等。建材屋顶一体型太阳电池组件有三种，即可拆卸面板式、屋顶面板式以及断热面板式。建材壁一体型太阳电池组件可分为玻璃幕墙式以及金属幕墙式。建材一体型太阳电池组件的最大特点是不另外使用屋顶材料，直接将太阳电池作为屋顶的材料使用，也就是说太阳电池组件既可当屋顶材料使用又可用于发电。

如图 10.4 所示为建材一体型太阳电池组件的构成。建材一体型太阳电池组件一般在新建的住宅以及屋顶翻新时使用比较合适通常采用在房顶构件上设置通气孔，然后安装建材一体型太阳电池组件的方法。

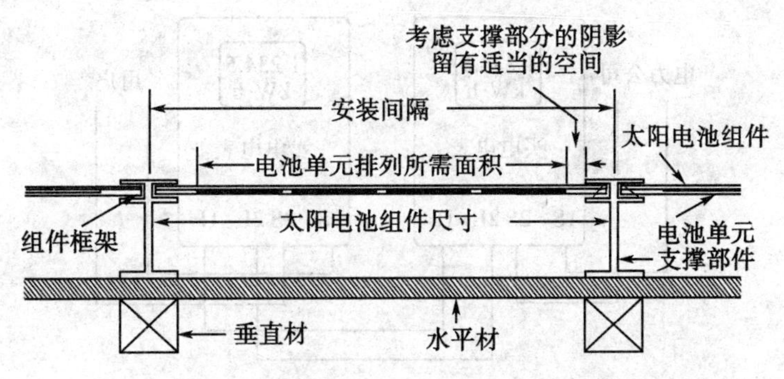

图 10.4　建材一体型太阳电池组件的构成

除了非晶硅太阳电池之外，由于其他的太阳电池的转换效率随温度上升会下降，因此设置通气孔可以使太阳电池周围的空气与外面的空气对流，使太阳电池的温升降低，从而提高太阳电池的转换效率，使太阳电池的出力增加。

10.3　电气设备的安装、配线以及接地

电气设备的安装一般与太阳电池组件的安装同时进行，从太阳电池组件的配线开始，依次与安装的汇流箱、功率控制器等同时配线。

10.3.1　电气设备的安装

电气设备的安装除了前面所述的太阳电池方阵之外，还有功率控制器、配电盘、汇流箱、买电电表、卖电电表等。

功率控制器一般安装在环境条件较好的地方。住宅用太阳能光伏系统用功率控制器如果安装在室内，一般安装在配电盘附近的墙壁上，如果安装在户外，则要安装在满足户外条件的箱体内，此时要考虑周围温度、湿度、浸水、尘埃、换气、安装空间等因素。

有关配电盘，首先要检查已有的配电盘中是否有漏电断路器，是否有太阳能光伏系统专用的配电用断路器，如果没有的话则要对配电盘进行必要的改造，或者更换配电盘，还可以在已有的配电盘的附近安装太阳能光伏系统专用的配电盘。

汇流箱一般安装在太阳电池方阵附近。由于汇流箱的安装地点可能受到建筑物的构造、美观等条件的限制，此时应考虑以后的检查、电气设备部件的交换等因

素，将汇流箱安装在比较合适的地方。

如图 10.5 所示为买电、卖电用电表的安装示意图。卖电电表一般安装在买电电表的旁边，电表为户外式。室内式电表一般安装在带有开窗的户外用箱中。

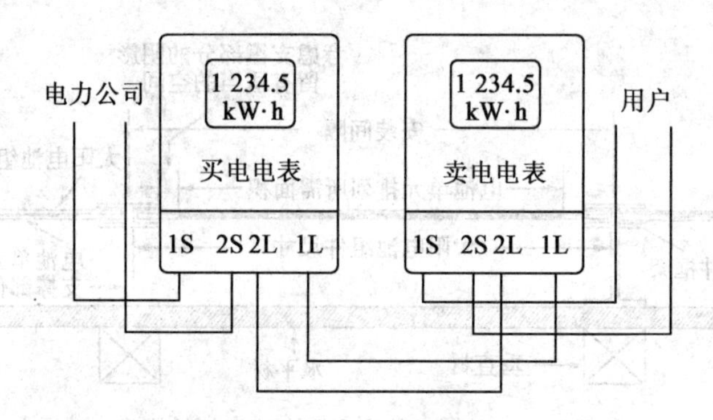

图 10.5 买电、卖电电表的安装示意图

10.3.2 太阳电池组件与功率控制器之间的配线

进行太阳电池组件与功率控制器之间的配线时，所使用的电线的截面积应满足短路电流的需要。从太阳电池组件里面引出两根线，接线时一定要注意电线的极性不要接错。先将串联电路所需的数枚太阳电池串联构成太阳电池串联组件支路，然后太阳电池组件安装在支架上，最后将各串联组件支路引到汇流箱进行配线，在其内将各串联组件支路并联，如图 10.6 所示。

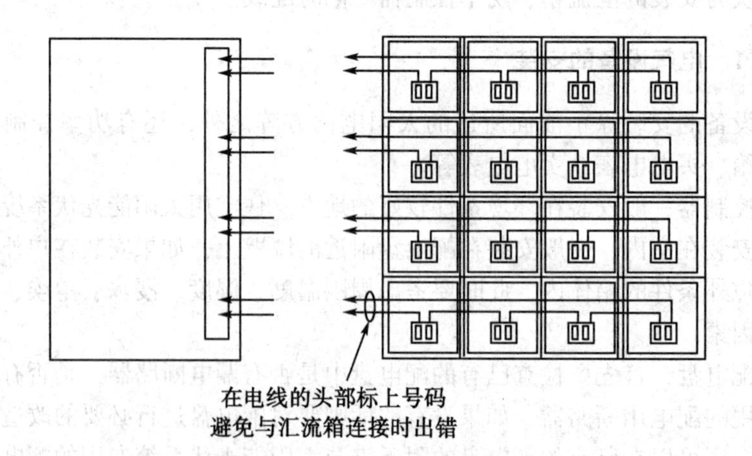

图 10.6 太阳电池方阵的配线施工图

10.3.3　功率控制器与分电盘之间的配线

功率控制器的输出部分的电气接线方式一般为单相接线，注意不要将交流侧的地线接错。另外，应安装能断开漏电、雷电的漏电保护器。

10.3.4　太阳电池方阵的检查

太阳电池方阵配线结束后，需要检查方阵的极性、电压、短路电流、接地等。检查安装的太阳电池方阵的电压是否与技术说明书的电压一致，用测量表、直流电压表测量正极、负极，用直流电流表测量各方阵的短路电流，并与技术说明书所规定的电流比较是否一致。

10.3.5　接地施工

住宅用太阳能光伏系统的接地施工系统图如图 10.7 所示。太阳能光伏系统一般不需接地，但必须将支架、汇流箱、功率控制器外壳等电气设备、金属配管等与地线相连接，然后通过接地电极接地，以保证人身、电气设备的安全。

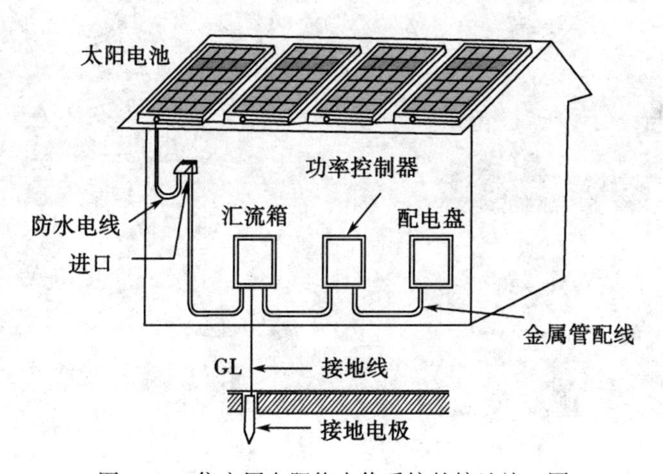

图 10.7　住宅用太阳能光伏系统的接地施工图

10.3.6　防雷措施

由于太阳电池方阵安装在户外，方阵的面积较大，而且其周围一般无其他建筑物，因此容易受到雷电的影响而产生过电压，所以必须根据太阳能光伏系统的安装地点以及供电的要求等实施防雷措施。

雷击一般通过太阳电池方阵、配电线、接地线或以这些组合的形式侵入太阳能光伏系统。现在采用的防雷措施有：在太阳电池方阵的主回路分散安装避雷装置；在功率控制器、汇流箱内安装避雷装置；在配电盘内安装避雷装置以防止雷电从低压配电线侵入；在雷电较多的地区应考虑更加有效的防雷措施，如在交流电源侧设置防雷变压器等使太阳能光伏系统与电力系统绝缘，避免雷电侵入太阳能光伏系统。

第11章 太阳能光伏系统的试验与故障诊断

太阳能光伏系统安装完毕后，需要对整个系统进行检查和必要的试验，以使系统能正常启动、运转。系统运转开始后还需要进行日常检查、定期检查以确保系统正常运转。本章将简单介绍系统的检查、试验以及故障诊断等内容。

11.1 太阳能光伏系统的检查种类

太阳能光伏系统的检查可分成系统安装完成时的检查、日常检查以及定期检查三种。

1. 系统安装完成时的检查

太阳能光伏系统安装结束后应对系统进行全面检查。检查内容包括目视检查以及测量，如太阳电池方阵的开路电压测量、各部分的绝缘电阻测量、对地电阻测量等。必须将观测结果和测量结果记录下来，为日后的日常检查、定期检查提供参考。

2. 日常检查

日常检查主要用目视检查的方式，一般一个月进行一次检查。如果发现有异常现象应尽快与有关部门联系，以便尽早解决问题。

3. 定期检查

定期检查一般4年或4年以上进行一次。检查内容根据设备的特性等情况而定。原则上应在地面上实施，根据实际需要也可在屋顶进行。

11.2 太阳能光伏系统的检查

太阳能光伏系统检查一般指对各电气设备进行外观检查，包括太阳电池组件、方阵支架、汇流箱、功率控制器、系统并网装置、接地等。

1. 太阳电池组件的检查

太阳电池组件的表面一般采用强化玻璃结构，具有抵御冰雹破坏的强度，一般要对太阳电池组件进行钢球落下的强度试验，因此，在一般情况下不必担心太阳电池组件会发生破损现象。

但是，如果由于人为、自然因素使太阳电池组件受到损坏时，有时虽然可能未影响太阳电池组件的正常发电，但若长期不予修理，雨水进入可能会导致太阳电池的损坏，因此应尽早进行修理。

由于太阳电池的表面被污染后会影响发电出力，在雨水较少、粉尘较多的地区要进行定期检查，必要时应进行清洗。相反，在雨水较多、粉尘较少的地区可借助大自然的力量而不必对太阳电池的表面进行清洗。

2. 支架的检查

支架会因风吹雨淋而出现生锈、螺钉松动等现象，因此需要进行是否有铁锈、螺钉松动等检查，并进行必要的修理。另外，对于在屋顶用铁丝固定的太阳电池板，安装 1~2 个月之后应对金属部件再次进行固定以防松动，经过再固定后一般不会松动。

3. 汇流箱的检查

应定期检查汇流箱的外部是否有损伤、生锈的地方。另外，应打开箱门检查保护装置是否动作，如果动作应及时更换或复位。

4. 功率控制器的检查

功率控制器具有故障诊断功能，故障发生时会自动表示故障的种类等信息。如果发现有故障表示信息、发热、冒烟、异臭、异音等情况时，应立即停机并与厂家联系进行检修。

除此之外，应进行外观检查，如外箱是否变形、生锈等，是否脱落、变色，保护装置是否动作过等，还应定期对吸气口的过滤装置进行清扫。

5. 系统并网装置的检查

系统并网装置一般安装在功率控制器中，应打开箱门对保护继电器进行确认。另外，需要检查备用电源的蓄电池、其他设备是否脱落、变色等。

6. 配线电缆的检查

配线电缆在安装过程中可能会造成损伤，长期使用会导致绝缘电阻的降低、绝缘破坏等问题，因此需要进行外观检查等，以确保配线电缆正常工作。

11.3 太阳能光伏系统的试验方法

对太阳能光伏系统一般需进行绝缘电阻试验、绝缘耐压试验、接地电阻试验、太阳电池方阵的出力试验、系统并网保护装置试验等。

11.3.1 绝缘电阻试验

为了了解太阳能光伏系统各部分的绝缘状态，判断是否可以通电，需要进行绝缘电阻试验。一般在太阳能光伏系统开始运行、定期检查以及确定事故点时进行。

绝缘电阻试验包括太阳电池电路以及功率控制器电路的绝缘电阻试验。进行太阳电池电路的绝缘电阻试验时，先用短路开关将太阳电池方阵的输出端短路，根据需要选用 500V 或 1 000V 的绝缘电阻计，使太阳电池方阵通过与短路电流相当的电流，然后测量太阳电池方阵的输出端子对地间的绝缘电阻。绝缘电阻值一般在 0. 1MΩ 以上。图 11. 1 为太阳电池方阵的绝缘电阻试验电路图。

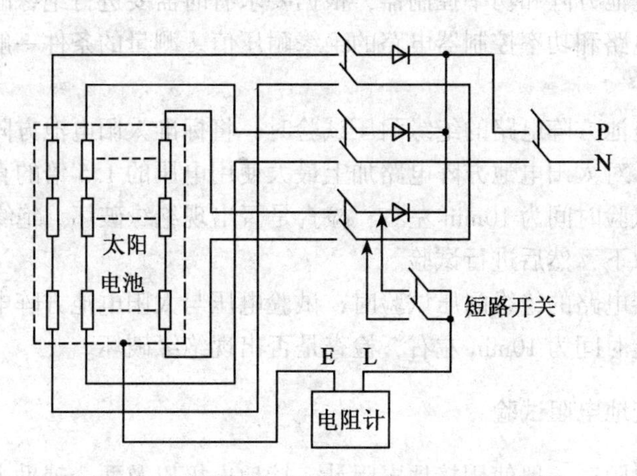

图 11. 1　太阳电池方阵的绝缘电阻试验电路图

功率控制器电路的绝缘电阻试验电路如图 11. 2 所示。绝缘电阻计为 500V 或 1 000V，根据功率控制器的额定电压选择不同电压等级的绝缘电阻计。

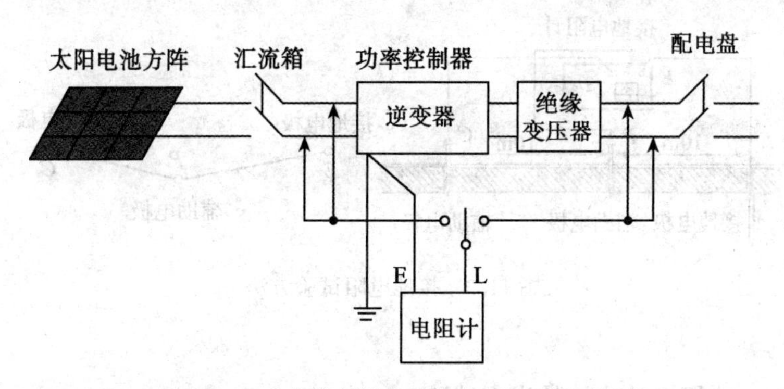

图 11. 2　功率控制器的绝缘电阻试验电路图

试验项目包括输入回路和输出回路的绝缘电阻试验。输入回路的绝缘电阻试验时，首先将太阳电池与汇流箱分离，并将功率控制器的输入回路和输出回路短路，然后测量输入回路与大地间的绝缘电阻。进行输出回路的绝缘电阻测量时，同样将太阳电池与汇流箱分离，并将功率控制器的输入回路和输出回路短路，然后测量输出回路与大地间的绝缘电阻。功率控制器的输入、输出绝缘电阻值一般在 0.1MΩ 以上。

11.3.2 绝缘耐压试验

对于太阳电池方阵和功率控制器，根据要求有时需要进行绝缘耐压试验，测量太阳电池方阵电路和功率控制器电路的绝缘耐压值。测量的条件一般与前述的绝缘电阻试验相同。

进行太阳电池方阵电路的绝缘耐压试验时，将标准太阳电池方阵开路电压作为最大使用电压，对太阳电池方阵电路加上最大使用电压的 1.5 倍的直流电压或 1 倍的交流电压，试验时间为 10min 左右，检查是否出现绝缘破坏。绝缘耐压试验时一般将避雷装置取下，然后进行试验。

功率控制器电路的绝缘耐压试验时，试验电压与太阳电池方阵电路的绝缘耐压试验相同，试验时间为 10min 左右，检查是否出现绝缘破坏。

11.3.3 接地电阻试验

测量接地电阻时一般使用接地电阻计、接地电极以及两个辅助电极，接地电阻试验的方法如图 11.3 所示。接地电极与辅助电极的间隔为 10m 左右，并成直线排列。将接地电阻计的 E、P、C 端子分别与接地电极以及其他辅助电极相连，用接地电阻计测出接地电阻值。

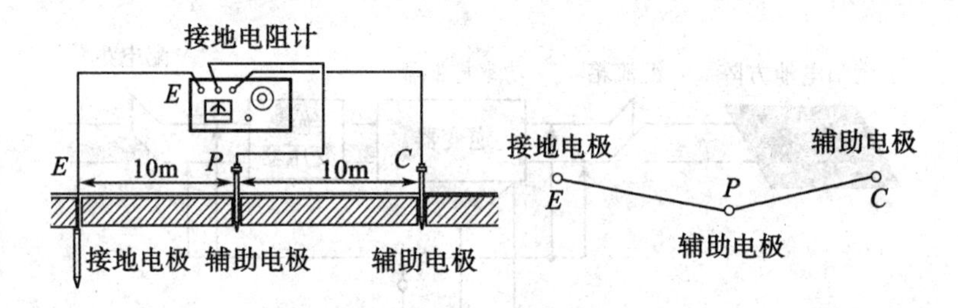

图 11.3 接地电阻试验方法

11.3.4 太阳电池方阵的出力试验

为了使太阳能光伏系统满足所需出力，一般将多枚太阳电池组件并联、串联构成。判断太阳电池组件串联、并联是否有误需要进行检查、试验。定期检查时可根据已测量的太阳电池方阵的出力发现动作不良的太阳电池组件以及配线存在的缺陷等问题。

太阳电池方阵的出力试验包括太阳电池方阵的开路电压试验以及短路电流试验。太阳电池方阵的出力试验时，首先测量各并联支路的开路电压，以便发现动作不良的并联支路、不良的太阳电池组件以及串联接线出现的问题。太阳电池方阵的短路电流试验可以发现异常的太阳电池组件。

11.3.5　系统并网保护装置试验

系统并网保护装置试验包括继电器的动作特性试验以及孤岛运行防止功能等试验。由于系统并网保护装置的生产厂家不同，所采用的孤岛运行防止功能的方式也不同。因此，可以采用厂家推荐的方法进行试验，也可以委托厂家进行试验。

11.4　太阳能光伏系统的故障诊断

太阳能光伏系统由太阳电池、功率控制器、汇流箱等构成，据统计太阳电池的故障率为12%左右，功率控制器约为59%，接线故障为4.2%，可见太阳电池和功率控制器的故障率较高，对太阳能光伏系统的安全运行影响较大，由于篇幅所限，本节主要涉及太阳电池的故障诊断。

太阳能光伏系统由于太阳电池上的污垢、树木、建筑物等阴影、黄沙、积雪等外部原因以及太阳电池组件、旁路二极管、阻塞二极管、互连条等故障的内部原因会造成发电出力降低、系统不能正常运行并影响系统的使用寿命，为了提高太阳能光伏系统的出力、增加发电量，防止太阳能光伏系统出现事故，并使系统能正常运行，需要通过故障诊断，及时发现故障元器件以及故障点，并对故障进行及时处理，恢复系统正常工作是非常必要的。本节将以晶硅太阳电池为例介绍太阳能光伏系统常见故障、诊断方法以及诊断事例等。

11.4.1　太阳能光伏系统常见故障

太阳能光伏系统故障常常会造成系统的出力下降，系统不能正常运行并影响系统的使用寿命等。造成系统出力下降的原因主要有外部原因和系统内部原因两种，而外部原因也会导致系统内部原因的产生。外部原因有局部阴影，即固定阴影和移动阴影，如太阳电池上的污垢、落叶、鸟粪、等会产生固定阴影，可能会使电池的局部发热并出现热斑效应，导致封装材料变黄或白浊的出现；另外，建筑物、树木、电杆等可能与太阳电池有一定距离，但随太阳运转而移动的阴影会导致太阳能光伏系统的出力降低。内部原因主要有电池芯片裂纹、旁路二极管开路，阻塞二极管故障，由热斑效应、制造不良等引起的互连条接触不良或断开以及电池组件劣化等，除此之外，电极、互连条等的电阻增加以及电线连接件的接触电阻的增加也会影响系统的出力。

太阳能光伏系统构成如图 11.4 所示，主要由太阳电池组件、旁路二极管、阻塞二极管、功率控制器等构成，由组件构成的太阳电池方阵与功率控制器连接并接入电网。在太阳能光伏系统中，电池组件之间连接有旁路二极管以避免该组件因出力下降而影响整个系统的出力降低。为了防止发电出力较低的串联组件支路对其他处于正常工作状态的串联组件支路的发电出力的影响，在各串联组件支路设置了阻塞二极管。对该太阳能光伏系统来说，常见的故障主要有组件劣化，热斑效应、旁路二极管开路，阻塞二极管故障等。另外，当电池组件内断线、旁路二极管开路等故障发生时，串联组件支路将失去发电的功能。如图所示的串联组件支路，如果其中一路串联组件支路中的太阳电池故障，且与之并联的旁路二极管开路，则该支路的出力为零，将严重影响整个系统的出力。

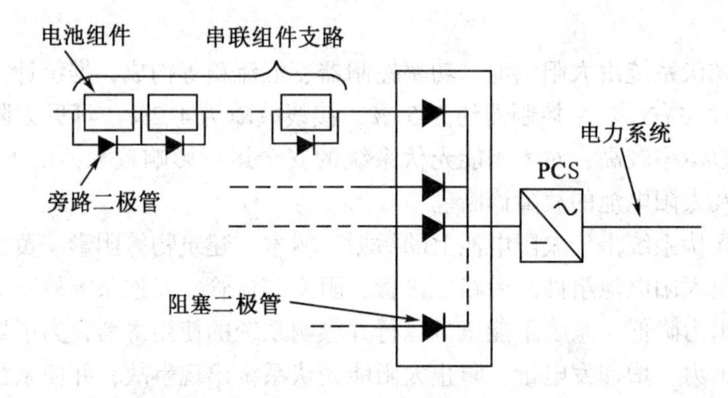

图 11.4　太阳能光伏系统构成

图 11.5 为晶硅太阳电池组件的构造，主要由电池芯片、透明树脂、强化玻璃、接线盒以及互连条等组成。常见的故障主要有制造不良导致劣化所造成的白浊、

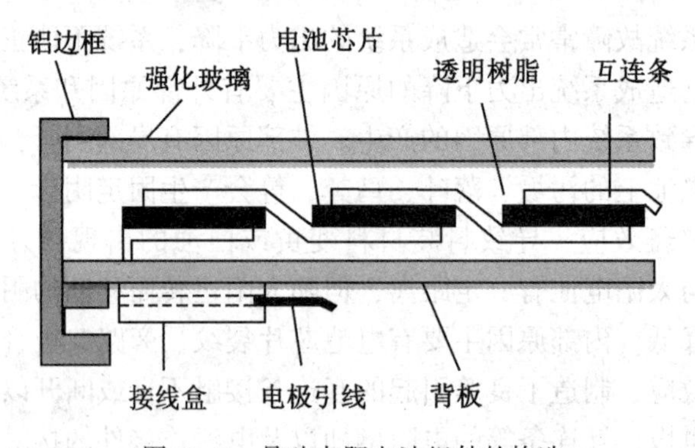

图 11.5　晶硅太阳电池组件的构造

组件内芯片出现裂纹、接线盒内烧坏、互连条接触不良或断开、封装材料变黄等。太阳电池上的污垢、落叶、鸟粪等局部阴影以及电杆、树木、天线、建筑物等移动阴影所造成的出力下降等。

图 11.6 所示为晶硅太阳电池组件电路，在太阳电池组件内，所有的芯片串联而成，即使一枚芯片的发电出力下降或芯片有一处断线(如互连条断线)也会使整个组件的出力降低。例如由于局部阴影的影响，组件内其中 1 回路的阻塞二极管工作，则组件的出力电压将降低 1/3，该部分将处在反向偏置状态，可能会局部发热并出现热斑效应，导致封装材料变黄或白浊的出现。因此应极力避免局部阴影(如污垢、落叶、鸟粪等产生的阴影)对组件的影响。

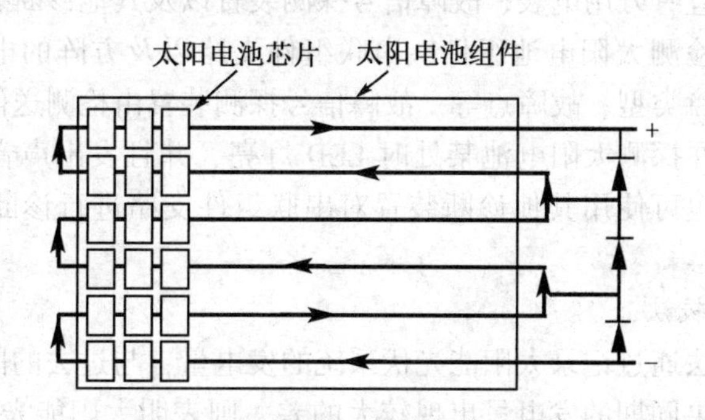

图 11.6　晶硅太阳电池组件电路

功率控制器的故障主要有停止运行、雷击导致开关处于断路状态、组件串联支路的升压装置故障以及功率控制器本身的升压功能故障等，这些故障同样会导致系统的出力下降。此外，当太阳能光伏系统的电能送往电网并导致电网的电压上升时，为了防止此电压超过所规定的电压上限值时，功率控制器将会自动抑制太阳能光伏系统的出力或停止运行，导致太阳能光伏系统的出力降低。

11.4.2　故障诊断方法

太阳能光伏系统的故障诊断主要使用伏安(*I-V*)特性测量装置、红外线成像装置、专用诊断装置、发电量比较法、预测发电量与实测发电量比较法、扫描法以及自动监测系统等方法。由于故障的类型，故障点等不同，再加上这些诊断方法各有特点，所以需根据具体情况使用不同的方法，有时需要几种诊断方法同时使用才能准确地确定故障类型以及故障点。

1. *I-V* 特性诊断方法

I-V 特性诊断方法一般使用 *I-V* 特性测量装置测量太阳电池组件、串联组件支路以及方阵的最大输出电压、最大输出电流、开路电压、短路电流、填充因子

(FF)以及 I-V 曲线的形状等，根据 I-V 曲线、电压、电流等信息判断故障的类型、故障点。

2. 红外线成像装置

在太阳光伏系统发电状态下，如果太阳电池芯片、组件、连接件、旁路二极管等有问题，则会在该处出现局部发热、在组件的某处会有可能出现热斑效应等现象，这时可使用红外线成像装置对发热部分进行诊断，根据成像找到高温点，然后检查该部分是否出现故障，判断故障类型并排出故障。这种诊断方法有时需要配合使用其他诊断方法，如 I-V 特性诊断方法，使用专用诊断装置等。

3. 专用诊断装置

专用诊断装置有万用电表、故障信号探测装置以及其他诊断装置等。万用电表可以用来简单地检测太阳电池组件、串联组件支路以及方阵的电压、电流、阻抗等，初步判断故障类型、故障点等。故障信号探测装置由检测送信装置和信号接收装置构成，如果在探测太阳电池某处时 LED 灯亮、并且发出声音，则表示该处可能有问题。另外也可使用其他诊断装置对串联组件支路进行诊断，找到故障点等方法。

4. 发电量比较法

发电量比较法通过记录太阳能光伏系统的发电量，与过去的同月或同年的发电量进行比较，如果同期的发电量出现较大的差，则表明太阳能光伏系统存在故障，这时需要使用其他故障诊断方法对系统进行仔细诊断。

5. 预测发电量与实测发电量比较法

将数月或数年的预测的发电量与实测发电量进行比较，分析日照强度与预测的发电量以及实测发电量的相关性，以此推断光伏系统是否有可能出现问题。

6. 扫描法

这种诊断方法是给太阳能光伏系统的电路发出一种特殊的脉冲信号，使这种信号经过要诊断的电路，然后检测出应答波形并利用软件进行分析，判别故障种类，找出故障点。

7. 其他方法

除了上述的诊断方法之外，还有自动实时故障监测系统，无线故障监测系统等。

11.4.3　故障诊断事例

使用发电量比较法可以发现旁路二极管开路故障。如前所述，均发生在图 11.4 所示的多路串联组件支路中，如果其中一路串联组件支路中的太阳电池故障，且与之并联的旁路二极管开路的话，则该支路的出力为零。例如，若太阳能光伏系统由 4 组件串联支路构成时，则系统出力将减少 1/4，与过去记录的同期发电量相比发电量出现较大差别，由此可推断系统存在故障，可见通过发电量比较法可以发现旁路二极管开路故障。当然也可通过其他诊断方法发现旁路二极管开路故障。

太阳能光伏系统存在故障时，如热斑效应等故障会在电池出现局部发热，这时可使用红外线成像装置对发热部分进行诊断，根据成像找到高温点，然后检查该部分是否出现故障，判断故障类型并排出故障。这种诊断方法有时需要配合使用其他诊断方法，如 *I-V* 特性诊断方法，使用专用诊断装置等。使用红外线成像装置对一枚太阳电池组件的背面温度分布摄影的照片如图 11.7 所示，可以看出电池芯片的一半处于高温状态，温度达到 90.1°左右，而无故障电池芯片的温度为 40.2°左右，温差约为 50°，可以判定这枚电池组件存在故障。

如前所述，利用 *I-V* 特性诊断方法可以判断电池组件的故障，这里使用 *I-V* 特性测量装置对上述同一电池组件进行了检测，所测量的 *I-V* 特性如图 11.8 所示，额定值为 150W 的电池组件，其测量值却为 98.2W，出力降低了约 52W，即出力降低了 35%左右。可见使用 *I-V* 特性测量装置也可以发现电池组件的故障。不过，由于所测得的开路电压与额定电压几乎相同，所以在某些情况下利用开路电压无法判断电池的故障，需要使用其他诊断方法。

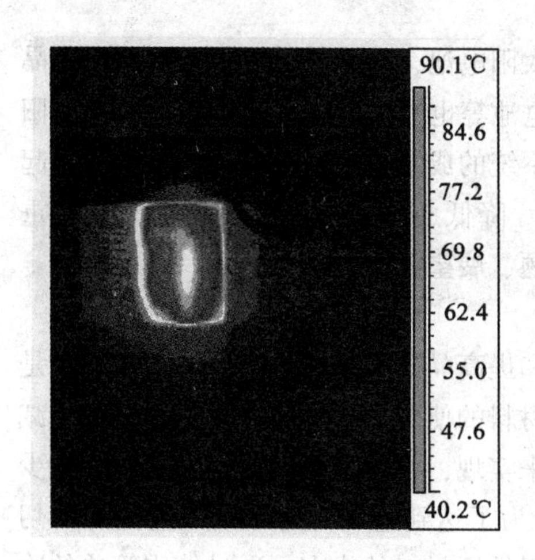

图 11.7　太阳电池组件的背面温度分布

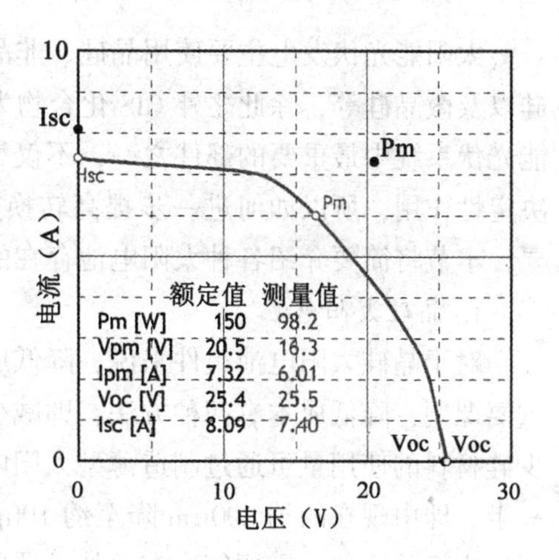

图 11.8　同枚太阳电池组件的 *I-V* 特性

第12章 太阳能发电的课题与展望

本章主要介绍太阳电池、功率控制器、太阳能光伏系统、太阳能直流系统、储能系统、太阳能光伏系统出力预测、产能蓄能和节能、智能系统以及世界太阳能光伏系统的课题和展望等。提出了应大力研发化合物、有机系以及量子点太阳电池、大功率、智能化功率控制器，开展太阳能直流系统、储能出力预测的应用研究，以满足大规模太阳能光伏系统的应用和普及、智能电网、全球太阳能光伏系统网络的需要。

12.1 太阳电池

太阳能光伏发电主要使用晶硅、非晶硅太阳电池，包括单晶硅、多晶硅、非晶硅以及微晶硅等，除此之外CIS化合物太阳电池等也被大量应用。太阳电池是太阳能光伏系统中最重要的部件之一，不仅影响系统的成本，而且对系统的发电出力起决定性作用，所以如何进一步提高转换效率、降低成本以及提高使用寿命至关重要，本节将简要介绍各种太阳电池存在的课题、展望等内容。

1. 晶硅太阳电池

对于晶硅太阳电池组件来说，降低成本和提高晶硅太阳电池组件的转换效率是重要课题，降低成本有两种方法，即减少硅材料的使用量和降低原材料的成本。减少硅材料的使用量可通过制造薄型太阳电池来实现，将来需要将电池片的厚度减少一半，即由现在的约200μm降至约100μm，为了达到这一目的，减少电池片的切断损失至关重要，需要解决有关技术课题。降低原材料的成本可通过使用简单的冶金方法制造含有少量的不纯物，但价格比较便宜的材料等方法实现。

降低原材料的使用量的另一种方法是硅薄膜太阳电池，在硅薄膜太阳电池中，硅的厚度只有几微米，原材料的使用量较少，一般有非晶硅、非晶硅锗以及微晶硅等种类。由于非晶硅、非晶硅锗的转换效率较低，将其进行组合制造硅薄膜积层电池将是成为主流。考虑到硅薄膜太阳电池的资源等，将来在大规模太阳能光伏发电中应用前景较好，但转换效率有待进一步提高，预计将来晶硅太阳电池组件的转换效率可达17%~20%，薄膜太阳电池的转换效率可达15%以上，随着电动车的应用与普及，太阳能发电作为电动车的动力源时，太阳电池的转换效率需要40%以上，因此如何提高太阳电池的转换效率是一大课题。

2. 化合物系太阳电池

化合物薄膜CdTe太阳电池的转换效率约为10.9%，制造成本低，有较高的价格竞争力，生产量正在快速上升，CIS太阳电池组件的转换效率约13.6%，使用同类材料的积层电池的转换效率则更高，制造一般采用涂制法，或使用胶片通过轧辊(Roll to Role)方法进行高速制膜，以降低成本，实现低价格、大量生产。成本、长期使用时的可靠性以及安装场地是重要课题。

化合物系太阳电池GaAs由于价格较高，正从宇宙空间应用向地面应用转换。在聚光式太阳能光伏系统中，单晶化合物半导体高效电池与聚光系统组合，不仅可节省电池的原材料，而且可在200~1 000倍的聚光比时组件转换效率达30%以上。积层太阳电池的转换效率可达50%左右，但目前的最高转换效率为37.5%，聚光时的最高转换效率为43.5%左右。积层太阳电池存在成本以及长期使用时的可靠性等许多技术问题，使用积层太阳电池的聚光式太阳能光伏系统需要使用聚光跟踪系统，安装时存在设置场所等问题，聚光用太阳电池芯片由于存在光学损失，组件转换效率低于30%，需要进一步提高转换效率，这些课题都需要解决。

3. 有机系太阳电池

染料敏化太阳电池和有机薄膜太阳电池是一种低成本太阳电池，主要存在耐久性和提高效率的课题。在发电方面的应用还需时间，主要在民用方面得到应用。目前主要进行转换效率、固体化以及各种形式的太阳电池的研究。

为了应用和普及染料敏化太阳电池，必须进行芯片的大型化和集成化技术的研发，需要研发新材料、新工艺等。另外，为了进一步降低太阳能光伏系统的成本，需要大力提高染料敏化太阳电池的转换效率，目前芯片的转换效率大约为11%，组件的转换效率约为8.5%，将来需要研发15%以上的染料敏化太阳电池。为了进一步提高转换效率，需要研发多层结构的积层太阳电池，以及由吸收不同波长的染料的芯片积成的太阳电池。除此之外，还需要提高太阳电池的耐久性，以满足室外80°以上的高温、紫外线照射的要求，以提高太阳电池的可靠性和使用寿命。

有机薄膜太阳电池的研究课题同样是如何提高太阳电池的转换效率以及解决耐久性等问题，现在，无论是高分子类太阳电池还是低分子类太阳电池，其转换效率约为6%，单芯片的理论转换效率为12%~15%，如果要进一步提高转换效率则需制成多层结构，今后可研制3层结构的太阳电池。有关耐久性问题需要进行室外长期暴露试验，以便弄清劣化的原因。由于此种太阳电池诞生的历史并不长，还存在转换效率以及耐久性等候问题，目前还未达到实际应用的水平，但随着科学技术的不断提高和研发力度的加强，将来这些问题会迎刃而解，可以预料有机薄膜太阳电池的发展前景非常看好。

4. 量子点太阳电池

量子点太阳电池有量子点积层型、中间带型以及 MEG 型等结构的太阳电池，为了充分利用未被利用的长波长的太阳光，需要研究中间带型量子点太阳电池，使电子空穴对经中间带通过而生成，即在价带和导带之间设置中间带，与通常的从价带到导带直接吸收 1 个光子被激发相比，由于设置中间带后从价带经中间带到导带直接吸收 2 个光子被激发的过程同时存在，因此可利用长波长的光发电。目前，科学家们正着力研究开发这三种太阳电池以解决关键的技术课题。

量子点太阳电池是一种新概念太阳电池，与晶硅电池、非晶硅电池、化合物电池(如 CIS)以及有机太阳电池等电池相比，理论转换效率较高，可以方便、灵活、自由自在地设计或改变其性质、性能，作为 21 世纪的新型高效率太阳电池受到人们的青睐。

12.2 功率控制器

对于大型太阳能光伏系统，需要使用大型功率控制器以提高效率，减少小型功率控制器的使用台数，降低成本，为了使功率控制器接入高压配电系统时不影响电力系统，需要进一步提高其并网、保护、电能转换等功能以满足对电力品质的需要。目前大型功率控制器的出力功率已达 500kW 以上，它具有瞬时电压下降时运行继续功能，抑制电压变动功能以及抑制高谐波功能等，已经在大型太阳能光伏系统中得到应用。随着大规模、大型太阳能光伏系统的应用和普及、智能住宅、智能电网等的应用，将来需要功率控制器具有与电力系统之间的相互通信、最佳控制、自动故障诊断、识别等功能，因此需要研制具有智能功能的(大型)功率控制器，以满足成本低、性能高、寿命长、可靠性高等功能。

12.3 太阳能光伏系统

太阳能光伏系统的应用和普及还有许多技术问题亟待解决，特别是大量接入电力系统时更是如此，将来所面临的主要课题有系统成本、出力变动、储能、故障诊断、直流化以及智能化等。

1. 系统课题

太阳能光伏系统作为电源时其最大的问题是出力变动问题，由于发电量随气候、季节、时间等变化而变化，当太阳能光伏发电占总电力的 10%以上时，能否确保稳定供给将成为重要课题，解决此问题的方法有引入智能电网等，最简单的方法是使用蓄电池等储能技术对出力变动进行抑制。对短时间出力变动可使用锂电池、超级电容(EDLC)等予以对应，而对雨天、夜间等的长期出力变动可使用抽水蓄能与调整火力进行对应。著者提出的抽水蓄能的新使用方法可解决太阳能光伏系统的剩余电能、峰荷和基荷的供给问题。另外，为了使抽水蓄能与调整火力进行最佳调整，有必要进行发电量的事前预测，即进行天气预报。由于预测精度会影响调整火力发电的待机状态、燃料效率以及太阳能光伏系统的出力等，所以如何提高预测精度是非常重要的课题。

2. 大型太阳能光伏系统

大型太阳能光伏系统的应用与普及存在如成本、技术、电力品质、用地等课题，需要对各种太阳电池组件的特性、具有系统稳定功能的大型功率控制器、低成本基础以及支架、抑制出力变动技术、精确预测、储能系统、故障诊断以及系统并网等问题进行深入研究。

在成本方面，由于太阳能光伏系统的发电成本远远高于水电、火电等，极大地制约了太阳能光伏系统的应用与普及，因此需要降低成本。除了前面已经介绍的太阳电池、功率控制器等以外，如何降低安装用的基础和支架的成本、减少施工费也非常重要，为了降低基础和支架的成本，目前已经研发出打桩法，即将特殊的基础部件直接打入地中，然后在其上安装支架的方法，这种方法不必使用混凝土基础，不仅可大大节约基础部分的成本，而且可降低对土壤的环境影响。打桩法具有成本低、环保，节约施工费用等优点，将来在大型太阳能光伏系统中可广泛被应用。

在技术方面，由于大型太阳能光伏系统的出力较大，电压较高，对其与电力系统并网、通信功能、自动故障诊断动能等的要求更高，如前所述，需要研制大型智能功率控制器。另外，大型太阳能光伏系统所使用的太阳电池组件可达几千至几万枚，有的甚至几十万枚，对于如此庞大的系统，有可能出现组件、方阵、功率控制器以及电子部件等故障、系统出力降低等问题，为了及时、准确地查找故障点并排出故障，故障诊断是重要课题。目前虽有一些专用的诊断装置，但需要与其他方法配合使用，很难满足要求，因此需要研发使用功能齐全、诊断精度更高的诊断装置。

3. 太阳能直流系统

太阳能光伏系统所发电能为直流电能，随着LED照明、直流电视、直流冰箱、太阳能空调等直流家电的应用与普及，将来这些家电可直接使用太阳能光伏系统等所发出的直流电能，这样不仅可省去电能转换，节省大量的电能，而且可省去逆变器等装置，降低成本，有利于太阳能光伏系统的应用和普及。特别是随着信息化社会的急速发展，IT领域直流电能消费量的急剧上升、智能住房、智能电网以及智能城市的发展，直流供电方式、变电装置、蓄电装置等直流化技术、控制方式的开发必不可少。

为了避免太阳能光伏系统高密度、大规模普及时发电出力的变动对电力系统的电压、频率等的影响，并使太阳能光伏发电所发电能有效地被利用，著者曾提出了直流地域并网型太阳能光伏系统、太阳能发电直流系统，直流地域配电线以及带蓄电池的光伏系统等，这些直流系统具有省能、有效利用电能、降低蓄电池容量以及二氧化碳减排效果显著等特点，期待将来得到广泛应用和普及。

12.4 储能系统

如前所述，太阳能光伏系统的出力会随气候、季节、时间等变化而变动，解决此问题的方法之一是使用锂电池，超级电容以及抽水蓄能等储能方法以解决出力的变动问题，如可考虑在电动车停车时利用车载蓄电池进行充放电，利用太阳能光伏系统的剩余电能或电网的夜间电能进行充电，白天则放电为一般负载或峰荷提供电能。另外，也可考虑使用抽水蓄能方法，即当大规模或大型太阳能光伏系统并网发电时，可利用太阳能光伏系统的剩余电能驱动电动机，带动水泵将下蓄水池的水抽到上蓄水池，而在傍晚或深夜，水轮机则利用上蓄水池的水能驱动发电机发电，向负载供电或承担基荷。

要实现这些方法，需要进一步研究气象预报精度、出力管理系统以及太阳能发电规划运行技术等问题，如何提高日照量预测精度、减少日照量预测误差，做好最佳运行规划对大型太阳能光伏系统的稳定运行、减少储能设备的容量是非常重要的问题。另外，由于锂电池，超级电容等价格较贵，大量使用时成本较高，抽水蓄能电站的投资也非常大，因此应尽量使用已建成的电站。如何减低储能系统的容量和成本也是今后的重要课题。

12.5 太阳能光伏系统出力预测

太阳能光伏发电的出力会由于日照量、日照时间而出现较大变动，随着太阳能光伏发电大量普及，当出力变动时，需要使用火力发电、抽水蓄能等调整电源、蓄电池以及最佳控制等手段以确保电力的供求平衡。如果事先能对太阳能发电量进行某种程度的预测，便可以提高电力供给的效率和稳定性，因此对于太阳能光伏发电的有效利用来说，出力预测技术是必不可少的。

太阳能光伏发电的出力预测一般根据天气预报、气象卫星获得的云的数据、地形、光伏发电站以前的发电统计资料等进行出力预报。为了满足太阳能光伏发电的大量应用和普及的需要，提高大范围、广地域的太阳能光伏系统的发电量的预测精度，研究系统稳定运行的技术是今后的重要课题。

12.6　产能、蓄能和节能

随着太阳能光伏发电的普及，太阳能光伏发电量将会不断增加，电动车(Electric Vehicle，EV)、燃料电池汽车(FCV)将会得到普及。各家庭可使用太阳能光伏发电或燃料电池为自己提供所需的电能和热水(产能)，有剩余电能时则卖给电力公司，不够时从电力公司买电。

为了使出力易受天气等影响的太阳能光伏发电的电能被有效利用，应使用具有双向通信功能，且可对电气、煤气的供求进行监控的智能电表以及利用电力供需信息的智能电网对电能的供求进行控制；另外，为了使供求尽可能达到平衡，应对天气、气候等进行准确预报；除此之外，为了避免夜间、节假日以及炎热天气等用电不足的情况以及灾害情况下作为紧急用电源的需要，应在家庭、大楼以及公共地域等处设置蓄电池等(蓄能)。

太阳能光伏发电等分散电源可用来对电动车进行充电，可使用电动车的蓄电池蓄电，可利用家庭能源管理系统(HEMS)对家电、太阳能光伏发电进行高效供需管理，以便节省能源(省能)。

以上介绍了产能、蓄能以及节能这些对于解决能源、环境等问题至关重要，大量普及可再生能源。解决蓄能问题并节约能源的使用量对于可持续发展、构建和谐社会将会起到重要作用。

12.7　智能系统

现在的电力系统由大型发电站(单向)向用户供电，由供电方根据负荷要求对电力系统进行控制。但发电出力随季节、气候以及时间变动的太阳能光伏发电大量普及时，现在的根据负荷需要进行实时控制的供电方式无法满足要求。

在智能电网中，当太阳能光伏发电等可再生能源发电大量接入电网时，电力供求双方对电力进行控制使系统处在最佳运行状态。当供电过剩时可控制蓄电池进行蓄电并提醒用户，当供电不足时由蓄电池供电，并控制不急于用电的用户的使用电量，使电力系统稳定运行。随着太阳能光伏发电等可再生能源发电大量应用和普及，有必要对智能电网的研究大力投入，以解决智能系统的技术问题。

12.8　地球规模的太阳能光伏系统

太阳能光伏发电存在许多弱点，例如，太阳电池在夜间不能发电，雨天、阴天的发电出力会减少，无法提供稳定的电力供给等。随着科学技术的发展，超电导电缆的应用，科学家提出了地球规模的太阳能光伏系统。即在地球上的各地分散设置太阳能发电站，用超电导电缆将太阳能发电站连接起来构成地球规模的太阳能光伏系统(GENESIS)，如图 12.1 所示。

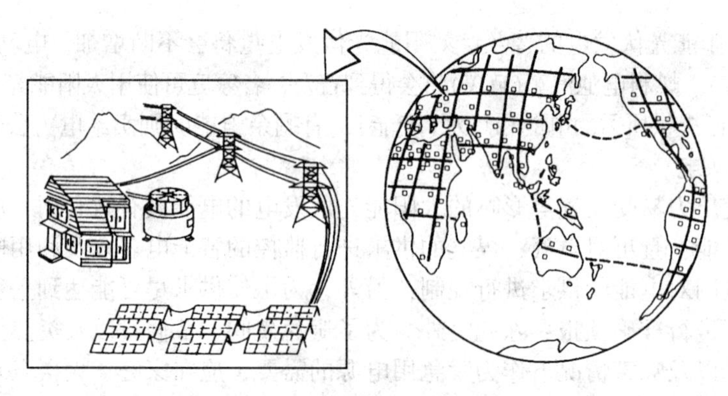

图 12.1 地球规模太阳能光伏系统

地球规模的太阳能光伏系统可以克服目前的太阳能光伏系统的弱点。如果全世界的太阳能发电站连接成一个网络，可以将昼间地区的电力输往夜间地区使用。若将该网络扩展到地球的南北方向，无论地球上的任何地区下雨或在夜间，都可以从其他地方得到电能，可以使电能得到可靠、稳定、合理的使用。

实现这一计划还面临许多问题，从技术角度看需要研究开发高性能、低成本的太阳电池以及常温下的超电导电缆等。实现这一设想可以分三步进行：第一步建设小规模太阳能光伏系统，由家庭或工厂屋顶安装的太阳能光伏系统构成的局部地域网络；第二步将邻国之间的网络连接起来，形成各国间网络；第三步如古代丝绸之路一样将网络扩展到全世界，形成地球规模的太阳能光伏系统，如图 11.2 所示。

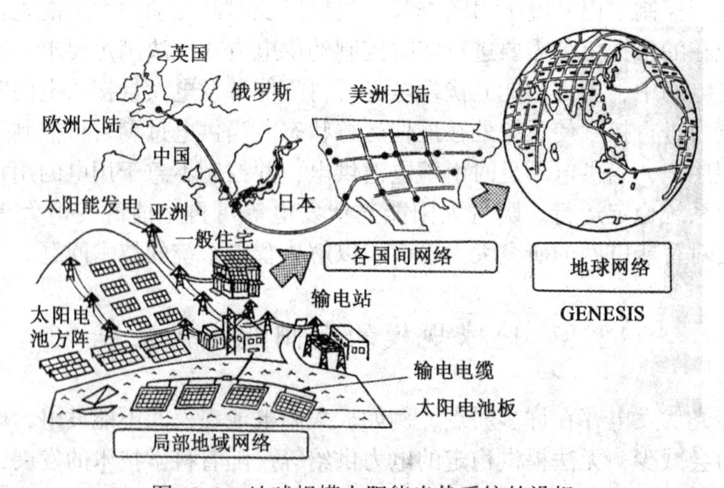

图 12.2 地球规模太阳能光伏系统的设想

12.9　宇宙太阳能光伏系统

在地球上应用太阳能时，太阳能的回收量受太阳电池的设置经纬度、昼夜、四季等日照条件的变化、大气以及气象状态等因素的影响而发生很大的变化。另外，宇宙的太阳光能量密度比地球上高 1.4 倍左右，日照时间比地球长4~5倍，发电量比地球大5.5~7倍。

为了克服在地面上发电的不足之处，人们提出了宇宙太阳能发电(SSPS)的概念。所谓宇宙太阳能发电，是将位于地球上空 36 000km 的静止轨道上的宇宙空间的太阳电池板展开，将太阳电池发出的直流电能转换成微波，通过输电天线传输到地球或宇宙都市的接收天线，然后将微波转换成直流或交流电能，如图 12.3 所示。宇宙太阳能发电由数千 MW 的太阳电池、输电天线、接收天线、电力微波转换器、微波电力转换器以及控制系统等构成。

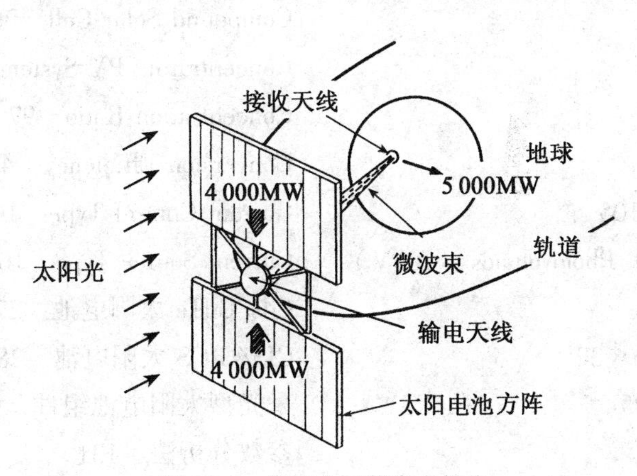

图 12.3　宇宙太阳能发电概念

宇宙太阳能发电的最大课题是在宇宙空间获得的太阳光能量如何传到地面的问题。现在有两种方法：一种方法是前面所述的方法，即将宇宙太阳光发电站发出的电能转换成微波送往地面，然后利用在地面或海上设置的接收天线接收电能。这种方法的缺点是使用火箭等工具将太阳电池等设备运往宇宙空间费用较高。另一种方法不是将太阳光转换成电能，而是将其转换成激光送往地面，通过地面设置的太阳电池转换成电能。这种方法的缺点是空中的云、雨等会吸收激光。另外人们提出了发射小型卫星进行发电的“太阳鸟”构想。目前正在对这几种发电方法的经济性进行研究，预计在 2030 年代将建造 1GW 级的宇宙太阳能发电系统。

索　引

E

F

G

H

I

J

K

L

M

N

T

U

V

W

X

参 考 文 献

[1]G Boyle. Renewable Energy [M]. 2nd ed. London: Oxford University Press, 2004

[2]R Wengenmayr.Renewable Energy—Sustainable Energy Concepts for the Future [M]. Weinheim :Wiley-VCH,2008

[3][日]日本工业调查会,最新太阳光发电[M].

[4][日]日本大和总研环境调查部,新能源[M].

[5][日]SoftBank Creative.可再生能源[M].

[6][日]SoftBank Creative.太阳电池[M].

[7][日]西澤,稻葉.能源工学[M].东京:讲坛社,2007

[8][日]柳父 悟.能源变换工学[M]. 东京,东京电机大学出版局,2004

[9][日]谷辰夫,等.太阳电池[M]. 东京,パフ一社,2004

[10]崔容强,等.并网型太阳能光伏发电系统[M].北京:化学工业出版社,2007

[11]车孝轩.太阳能光伏系统概论[M].武汉:武汉大学出版社,2011

[12][日]车孝轩.地域并网型太阳发电系统的构成方法[J]. 日本电气学会杂志, 2000,120(2)